JN098712

Differential
and Integral 1

高専テキストシリーズ

微分積分 1

[第 **2** 版]

上野 健爾 監修
高専の数学教材研究会 編

森北出版

監修の言葉

　「宇宙という書物は数学の言葉を使って書かれている」とはガリレオ・ガリレイの言葉である．この言葉通り，物理学は微積分の言葉を使って書かれるようになった．今日では，数学は自然科学や工学の種々の分野を記述するための言葉として必要不可欠であるばかりでなく，人文・社会科学でも大切な言葉となっている．しかし，外国語の学習と同様に「数学の言葉」を学ぶことは簡単でない場合が多い．

　「原論」を著し今日の数学の基本をつくったユークリッドは，王様から幾何学を学ぶ近道はないかと聞かれて「幾何学には王道はない」と答えたという伝説が残されている．しかし一方では，優れた教科書と先生に巡り会えば数学の学習が一段と進むことも多くの例が示している．

　本シリーズは学習者が数学の本質を理解し，数学を多くの分野で活用するための基礎をつくることができる教科書を，それのみならず数学そのものを楽しむこともできる教科書をめざして作成されている．企画・立案から執筆まで高専で実際に教壇に立って数学を教えている先生方が一貫して行った．長年，数学の教育に携わった立場から，学習者がつまずきやすい箇所，理解に困難を覚えるところなどに特に留意して，取り扱う内容を吟味し，その配列・構成に意を配っている．さらに，図版を多く挿入して理解の手助けになるように心がけている．特筆すべきは，定義やあらかじめ与えられた条件とそこから導かれる命題との違いが明瞭になるように従来の教科書以上に注意が払われている点である．推論の筋道を明確にすることは，数学を他の分野に応用する場合にも大切なことだからである．それだけでなく，数学そのものの面白さを味わうことができるように記述に工夫がなされている．また例題をたくさん取り入れ，それに関連する演習問題を，さらに問題集を作成して，多くの問題を解くことによって本文の理解を確実にすることができるように配慮してある．このように，本シリーズは，従来の教科書とは一味も二味も違ったものになっている．

　本シリーズが高専の学生のみならず，数学の学習を志す多くの人々に学びがいのある教科書となることを切に願っている．

上野　健爾

まえがき

　高専のテキストシリーズ『基礎数学』,『微分積分 1』,『微分積分 2』,『線形代数』,『応用数学』,『確率統計』およびそれぞれの問題集は,発行から 10 年を経て,このたび改訂の運びとなった.本シリーズは,高専で実際に教壇に立つ経験をもつ教員によって書かれ,これを手に取る学生がその内容を理解しやすいように,教員が教室の中で使いやすいように,細部まで十分な配慮を払った.

　改訂にあたっては,従来の方針のとおり,できる限り日常的に用いられる表現を使い,理解を助けるために多くの図版を配置した.また,定義や定理,公式の解説のあとには必ず例または例題をおいてその理解度を確かめるための問いをおいた.本書を読むにあたっては,実際に問いが解けるかどうか,鉛筆を動かしながら読み進めるようにしてほしい.

　微分積分学はあらゆる工学の基礎である.本書に書かれた内容を自分のものとすることは,技術者としての大きな力になることは間違いない.文章をできるだけ正確に読み,焦らず,諦めず,その考え方のひとつひとつを理解していく姿勢が望まれる.

　改訂作業においても引き続き,京都大学名誉教授の上野健爾先生にこのシリーズ全体の監修をお引き受けいただけることになった.上野先生には「数学は考える方法を学ぶ学問である」という強い信念から,つねに私たちの進むべき方向を示唆していただいた.ここに心からの感謝を申し上げる.

　最後に,本シリーズの改訂の機会を与えてくれた森北出版の森北博巳社長,私たちの無理な要求にいつも快く応えてくれた同出版社の上村紗帆さん,太田陽喬さんに,ここに,紙面を借りて深くお礼を申し上げる.

2021 年 10 月

高専テキストシリーズ　執筆者一同

本書について

1.1	この枠内のものは，数学用語の定義を表す．用語の内容をしっかりと理解し，使えるようになることが重要である．
1.1	この枠内のものは，証明によって得られた定理や公式を表す．それらは数学的に正しいと保証されたことがらであり，あらたな定理の証明や問題の解決に使うことができる．
☑	基本的な関数のグラフや平面図形などを取り出して図解とした．このマークのついた枠に出会ったら，これらの曲線をよく観察して，どんな特徴があるか，なぜこのような形の曲線となるか，と時間をかけて考えてほしい．
note	補助説明，典型的な間違いに対する注意など，数学を学んでいく上で役立つ，ちょっとしたヒントである．読んで得した，となることを期待する．
⌨	関数電卓や数表を利用して解く問いを示す．現代社会では，AI（人工知能）の活用が日常のものとなっている．数学もまた例外ではなく，コンピュータなどの機器やツールを使いこなす能力が求められる．
COLUMN	「日常に活きる数学」というテーマで，数学が，実際の社会においていかに大きな役割を果たしているかということを通して，数学の魅力と可能性を各章の章末で述べている．
コーヒーブレイク	本文では取り上げることができなかった数学に関する興味ある話題を取り上げた．これらの話題を通して，数学の楽しさや有用性などを知ってもらいたい．

内容について

◆第2節「数列の極限」では，ごく小さな数を無限に加え合わせていくとどのような値になるかという考え方を学ぶ．これは，細かく分割された区間に含まれる量を合計してその総量を調べるという積分法の考え方につながる．第3節「関数とその極限」では，限りなく近づくとはどのようなことを意味するかを学ぶ．これらの考え方は極限とよばれ，微分積分法の基礎をなす重要な概念となっている．

◆第4節は微分法の入門というべき部分である．ここでは，計算に大きな負担がかからないように多項式で表される関数だけに限定して，ごく短い時間の変化量から瞬間の変化率を求めるという微分法の手法や考え方と，重要な応用である関数の増減，最大値・最小値を扱っている．この節を通して，微分法の基礎をしっかりと身につけることが大切である．

◆第5，6節では，分数式や無理式で表される関数や指数・対数関数，三角関数と逆三角関数について，その微分法の計算と応用とが展開される．微分法を利用すると，関数のグラフの凹凸や速度・加速度を求めることができる．

◆第7節からは積分法の学習に入る．学習のしやすさから計算の章を最初に配置したが，積分は計算ができるようになるだけでは十分とはいえない．重要なことは，「積分とは何か」「積分を計算した結果，何がわかるのか」ということである．そのために本書では，第8節「定積分」に重点をおいた．面積・体積・長さなどの量は，積分法の考え方を利用して求めることができる．

◆微分法はいろいろな現象の変化率を求めるものである．また，積分法はある範囲にわたる総量を求めるものである．この2つの考え方の違いをしっかりと理解することが大切である．

◆本書では，内容の理解のための工夫を随所に施した．また，「基礎数学」で学んだ重要公式と基本的な関数のグラフは後見返しに挙げておいた．必要に応じてこれを参考にしながら読み進め，微分積分法の知識を確実に身につけてほしい．

目　次

ギリシャ文字

大文字	小文字	読み	大文字	小文字	読み
A	α	アルファ	N	ν	ニュー
B	β	ベータ	Ξ	ξ	グザイ（クシィ）
Γ	γ	ガンマ	O	o	オミクロン
Δ	δ	デルタ	Π	π	パイ
E	ϵ, ε	イプシロン	P	ρ	ロー
Z	ζ	ゼータ（ツェータ）	Σ	σ	シグマ
H	η	イータ（エータ）	T	τ	タウ
Θ	θ	シータ	Υ	υ	ウプシロン
I	ι	イオタ	Φ	φ, ϕ	ファイ
K	κ	カッパ	X	χ	カイ
Λ	λ	ラムダ	Ψ	ψ	プサイ（プシィ）
M	μ	ミュー	Ω	ω	オメガ

数列と関数の極限

1 数列とその和

(1.1) 数列

数列とその一般項　数を一定の規則にしたがって一列に並べたものを**数列**という．数列

$$a_1,\ a_2,\ a_3,\ \ldots,\ a_n,\ \ldots$$

を $\{a_n\}$ と表す．並べられたおのおのの数を**項**といい，a_1 を第 1 項または**初項**，a_2 を第 2 項，a_3 を第 3 項，$\cdots$，a_n を第 n 項という．たとえば，奇数を並べてできる数列

$$1,\ 3,\ 5,\ 7,\ \ldots$$

を $\{a_n\}$ とすれば，初項は $a_1 = 1$，第 2 項は $a_2 = 3$，$\ldots$ である．このとき，第 n 項は，$a_n = 2n - 1$ と表される．このように，第 n 項 a_n を n の式で表したものを数列 $\{a_n\}$ の**一般項**という．

> 例 1.1　　一般項が $a_n = n^2 - 3n$ と表される数列のはじめの 3 項，および第 10 項は，それぞれ次のようになる．
>
> $$a_1 = 1^2 - 3 \cdot 1 = -2, \qquad a_2 = 2^2 - 3 \cdot 2 = -2,$$
> $$a_3 = 3^2 - 3 \cdot 3 = 0, \qquad a_{10} = 10^2 - 3 \cdot 10 = 70$$

問 1.1　一般項が次の式で表される数列の，はじめの 3 項，および第 10 項を求めよ．

(1)　$a_n = n(2n - 1)$ 　　　(2)　$a_n = \left(-\dfrac{1}{2}\right)^n$ 　　　(3)　$a_n = \dfrac{n}{2(n + 1)}$

> 例 1.2　　数列の一般項を求める．
>
> (1)　3 の倍数の数列 3, 6, 9, 12, 15, ... の一般項は $a_n = 3n$ である．
> (2)　数列 1, 4, 9, 16, 25, ... の一般項は $a_n = n^2$ である．

問1.2　次の数列の規則を考え，( ) の中に適切な数を入れよ．また，一般項 a_n を求めよ．

(1)　$4,\ 8,\ 12,\ 16,\ (\ \ ),\ (\ \ ),\ \ldots$　　　　(2)　$1,\ 2,\ 4,\ 8,\ 16,\ (\ \ ),\ (\ \ ),\ \ldots$

(3)　$1,\ -1,\ 1,\ -1,\ (\ \ ),\ (\ \ ),\ \ldots$　　　　(4)　$\dfrac{2}{3},\ \dfrac{4}{9},\ \dfrac{6}{27},\ \dfrac{8}{81},\ (\ \ ),\ (\ \ ),\ \ldots$

（1.2）等差数列

■等差数列とその一般項　　数列 $1, 4, 7, 10, \ldots$ は，初項 1 に次々に 3 を加えていくことによって作られている．一般に，a, d が定数のとき，初項 a に一定の数 d を次々に加えていくことによって作られる数列

$$a,\ a+d,\ a+2d,\ a+3d,\ \ldots$$

を**等差数列**といい，d をその**公差**という．

> note　　等差数列という名称は「となり合う 2 つの項の差が一定」という性質 $a_{n+1} - a_n = d$ に由来している．

　等差数列の第 n 項は，初項 a に，公差 d を $n-1$ 回加えれば求められる．したがって，次のことが成り立つ．

1.1　等差数列の一般項

初項 a，公差 d の等差数列 $\{a_n\}$ の一般項は，次の式で表される．

$$a_n = a + (n-1)d$$

例 1.3　　等差数列 $9, 5, 1, -3, \ldots$ の初項は $a = 9$，公差は $d = -4$ である．したがって，その一般項 a_n は次の式で表される．

$$a_n = 9 + (n-1)\cdot(-4) = -4n + 13$$

問1.3　次の等差数列の一般項 a_n を求めよ．

(1)　$1,\ 6,\ 11,\ 16,\ \ldots$　　　　　　(2)　$5,\ 2,\ -1,\ -4,\ \ldots$

例題 1.1 等差数列の一般項 ─────────────────────────

第 3 項が 6, 第 6 項が 18 の等差数列 $\{a_n\}$ の一般項を求めよ.

解 初項を a, 公差を d とおく. $a_3 = 6, a_6 = 18$ であるから, a, d は連立方程式

$$\begin{cases} a + 2d = 6 \\ a + 5d = 18 \end{cases}$$

を満たす. これを解けば, $a = -2, d = 4$ が得られる. したがって, 求める一般項は,
$a_n = -2 + (n-1) \cdot 4 = 4n - 6$ である.

問 1.4 次の等差数列の初項 a, 公差 d, 一般項 a_n を求めよ.
(1) 初項が 1, 第 5 項が 13 　　　　(2) 第 3 項が 19, 第 10 項が 5

■ 等差数列の和 　　等差数列の和を求める. 数列 $\{a_n\}$ の初項から第 n 項までの
和 $a_1 + a_2 + a_3 + \cdots + a_n$ を S_n と表す.

例 1.4 　　等差数列 $1, 3, 5, \ldots$ の初項から第 5 項までの和 $S_5 = 1 + 3 + 5 + 7 + 9$
を計算する. 項の順序を逆にして加え合わせると,

$$\begin{array}{rccccccccc}
S_5 = & 1 & + & 3 & + & 5 & + & 7 & + & 9 \\
+) \ S_5 = & 9 & + & 7 & + & 5 & + & 3 & + & 1 \\
\hline
2S_5 = & 10 & + & 10 & + & 10 & + & 10 & + & 10 \\
= & 5 \cdot 10 & & & & & & & &
\end{array}$$

となる. したがって, $S_5 = \dfrac{5 \cdot 10}{2} = 25$ が得られる.

これを一般化して, 初項 a, 公差 d の等差数列 $\{a_n\}$ の初項から第 n 項までの
和 S_n を求める. 例 1.4 と同様にして, 項の順序を逆にして加え合わせると,

$$\begin{array}{rccccccccc}
S_n = & a_1 & + & a_2 & + \cdots + & a_{n-1} & + & a_n \\
+) \ S_n = & a_n & + & a_{n-1} & + \cdots + & a_2 & + & a_1 \\
\hline
2S_n = & (a_1 + a_n) & + & (a_2 + a_{n-1}) & + \cdots + & (a_{n-1} + a_2) & + & (a_n + a_1) \cdots ①
\end{array}$$

となる. 式①の右辺の ( ) の中の式は,

$$a_1 + a_n \quad = a \qquad + \{a + (n-1)d\} = 2a + (n-1)d$$

$$a_2 + a_{n-1} = (a + d) \quad + \{a + (n-2)d\} = 2a + (n-1)d = a_1 + a_n$$

$$a_3 + a_{n-2} = (a + 2d) \quad + \{a + (n-3)d\} = 2a + (n-1)d = a_1 + a_n$$

$$\vdots$$

$$a_n + a_1 \quad = \{a + (n-1)d\} + a \qquad = 2a + (n-1)d = a_1 + a_n$$

となり，すべて $a_1 + a_n = 2a + (n-1)d$ に等しい．したがって，

$$2S_n = n(a_1 + a_n) \quad \text{よって} \quad S_n = \frac{n(a_1 + a_n)}{2} = \frac{n\{2a + (n-1)d\}}{2}$$

が成り立ち，次の等差数列の和の公式が得られる．

1.2　等差数列の和

初項 a，公差 d の等差数列 $\{a_n\}$ の初項から第 n 項までの和 S_n は，次の式で表される．

$$S_n = \frac{n(a_1 + a_n)}{2} = \frac{n\{2a + (n-1)d\}}{2}$$

とくに，$a = d = 1$ とすれば，1 から n までの自然数の和は，次のようになる．

$$1 + 2 + 3 + \cdots + n = \frac{n(n+1)}{2}$$

例 1.5 　　(1)　初項が 5，第 20 項が 23 の等差数列の初項から第 20 項までの和 S_{20} は，次のようになる．

$$S_{20} = \frac{20(5 + 23)}{2} = 280$$

(2)　初項が 11，公差が -3 の等差数列の初項から第 10 項までの和 S_{10} は，次のようになる．

$$S_{10} = \frac{10\{2 \cdot 11 + (10 - 1) \cdot (-3)\}}{2} = -25$$

問 1.5　次の等差数列の和を求めよ．
(1)　初項が 30，第 10 項が -6 のとき，初項から第 10 項までの和
(2)　初項が 5，公差が 2 のとき，初項から第 8 項までの和

1.3 等比数列

等比数列とその一般項　　数列 3, 6, 12, 24, ... は，初項 3 に次々に 2 をかけていくことによって作られている．一般に，a, r が定数のとき，初項 a に一定の数 r を次々にかけていくことによって作られる数列

$$a, \ ar, \ ar^2, \ ar^3, \ \ldots$$

を**等比数列**といい，r をその**公比**という．

> note　　等比数列という名称は「となり合う 2 つの項の比が一定」という性質 $\dfrac{a_{n+1}}{a_n} = r$ に由来している．

　等比数列の第 n 項は，初項 a に，公比 r を $n-1$ 回かければ求められる．したがって，次のことが成り立つ．

1.3　等比数列の一般項

初項 a，公比 r の等比数列 $\{a_n\}$ の一般項は，次の式で表される．

$$a_n = ar^{n-1}$$

　初項 a，公比 r $(a \neq 0, r \neq 0)$ の等比数列では $\dfrac{a_{n+1}}{a_n} = \dfrac{ar^n}{ar^{n-1}} = r$ が成り立つ．したがって，初項と第 2 項など連続する 2 つの項から公比を求めることができる．

例 1.6　　等比数列 27, 18, 12, 8, ... の初項は $a = 27$，公比は $r = \dfrac{a_2}{a_1} = \dfrac{2}{3}$ であるから，その一般項は次のようになる．

$$a_n = 27 \cdot \left(\frac{2}{3}\right)^{n-1} = \frac{3^3 \cdot 2^{n-1}}{3^{n-1}} = \frac{2^{n-1}}{3^{n-4}}$$

問 1.6　次の等比数列の公比 r と一般項 a_n を求めよ．

(1)　3, 6, 12, 24, ...

(2)　2, -2, 2, -2, ...

(3)　1, $\dfrac{1}{2}$, $\dfrac{1}{4}$, $\dfrac{1}{8}$, ...

(4)　8, -4, 2, -1, ...

例題 1.2　等比数列の一般項

第 2 項が -6, 第 5 項が 162 の等比数列 $\{a_n\}$ の一般項を求めよ. ただし, 公比は実数とする.

解　初項を a, 公比を r とおくと, 一般項は $a_n = ar^{n-1}$ である. 与えられた条件 $a_2 = -6, a_5 = 162$ から, $ar = -6, ar^4 = 162$ が成り立つ. したがって,

$$\frac{ar^4}{ar} = \frac{162}{-6} \quad \text{よって} \quad r^3 = -27$$

となる. 公比 r は実数であるから, $r = -3$ である. これを $ar = -6$ に代入すれば, $a = 2$ となる. したがって, 求める一般項は $a_n = 2 \cdot (-3)^{n-1}$ である.

問1.7　次の条件を満たす等比数列の一般項 a_n を求めよ. ただし, 公比は実数とする.

(1)　初項が -2, 第 4 項が $-\dfrac{1}{4}$　　　　(2)　第 3 項が 9, 第 5 項が 81

等比数列の和　　等比数列の初項から第 n 項までの和を求める.

例 1.7　　　初項 1, 公比 3 の等比数列 $1, 3, 9, \ldots$ の初項から第 5 項までの和

$$S_5 = 1 + 3 + 9 + 27 + 81$$

を求める. 公比が 3 であることを考慮して, S_5 から $3S_5$ を引くと,

$$
\begin{array}{rl}
S_5 & = 1 + 3 + 9 + 27 + 81 \\
-) \ 3S_5 & = \quad\ \ 3 + 9 + 27 + 81 + 243 \\
\hline
-2S_5 & = 1 \qquad\qquad\qquad\quad - 243
\end{array}
$$

となる. したがって, $S_5 = \dfrac{1 - 243}{-2} = 121$ が得られる.

これを一般化して, 初項 a, 公比 r の等比数列 $\{a_n\}$ の, 初項から第 n 項までの和

$$S_n = a + ar + ar^2 + ar^3 + \cdots + ar^{n-1}$$

を求める. $r = 1$ のときは,

$$S_n = \overbrace{a + a + a + \cdots + a}^{n\,個} = na$$

である.

また, $r \neq 1$ のときには, 例 1.7 と同様にして, S_n から rS_n を引くと,

$$
\begin{array}{rl}
S_n &= a + ar + ar^2 + \cdots + ar^{n-1} \\
-) \quad rS_n &= \quad\ \ ar + ar^2 + \cdots + ar^{n-1} + ar^n \\
\hline
S_n - rS_n = a & \qquad\qquad\qquad\qquad\quad - ar^n
\end{array}
$$

である.

よって, $(1-r)S_n = a(1-r^n)$ が成り立つ. $r \neq 1$ であるから, この式の両辺を $1-r$ で割れば, 次の公式が得られる.

1.4　等比数列の和

初項 a, 公比 r の等比数列 $\{a_n\}$ の初項から第 n 項までの和 S_n は, 次のようになる.

$$
S_n = \begin{cases} \dfrac{a(1-r^n)}{1-r} = \dfrac{a(r^n-1)}{r-1} & (r \neq 1 \text{ のとき}) \\[3mm] na & (r = 1 \text{ のとき}) \end{cases}
$$

---

note　$r < 1$ のときは $S_n = \dfrac{a(1-r^n)}{1-r}$, $r > 1$ のときは $S_n = \dfrac{a(r^n-1)}{r-1}$ が使いやすい.

例 1.8　　初項 9, 公比が 2 の等比数列の, 初項から第 6 項までの和 S_6 は次のようになる.

$$
S_6 = \frac{9(2^6-1)}{2-1} = 9(2^6-1) = 9 \cdot 63 = 567
$$

問 1.8　次の等比数列の和を求めよ.

(1) 初項が 3, 公比が -2 のとき, 初項から第 7 項までの和

(2) 初項が 16, 公比が $\dfrac{1}{2}$ のとき, 初項から第 8 項までの和

1.4 いろいろな数列の和

▶ **総和の記号**　数列 $\{a_n\}$ の初項から第 n 項までの和 $a_1 + a_2 + \cdots + a_n$ を，

$$\sum_{k=1}^{n} a_k = a_1 + a_2 + a_3 + \cdots + a_n$$

と表す．左辺は，k を 1 から n まで 1 ずつ増やしたときの a_k の和を表す記号である．$\sum$ を**総和の記号**または**シグマ記号**という．

> note　$\displaystyle\sum_{k=1}^{n} a_k$ は，何を $(a_k$ を$)$，どこから $(k=1$ から$)$，どこまで $(k=n$ まで$)$ 加えるかを表したものである．これらの情報を表すことができればよいから，番号を表す文字は必ずしも k である必要はなく，また加える番号は 1 から始まる必要はない．

例 1.9　総和の記号 $\sum$ を用いないで表し，その和を求める．

(1) $\displaystyle\sum_{k=1}^{5} 3^k = 3^1 + 3^2 + 3^3 + 3^4 + 3^5 = \frac{3(3^5 - 1)}{3 - 1} = 363$

(2) $\displaystyle\sum_{n=0}^{4} (n^2 + 1) = (0^2 + 1) + (1^2 + 1) + (2^2 + 1) + (3^2 + 1) + (4^2 + 1) = 35$

(3) $\displaystyle\sum_{k=4}^{10} 2 = \overbrace{2 + 2 + 2 + \cdots + 2}^{10-3=7\,(個)} = 14$

問 1.9　次の式を，総和の記号 $\sum$ を用いないで表せ．

(1) $\displaystyle\sum_{k=0}^{2} (3k + 5)$ 　　(2) $\displaystyle\sum_{n=1}^{3} 3 \cdot 2^{n-1}$ 　　(3) $\displaystyle\sum_{k=3}^{5} k(k + 2)$

例 1.10　$\displaystyle 2 + 6 + 18 + \cdots + 2 \cdot 3^{10} = \sum_{k=0}^{10} 2 \cdot 3^k \quad \left[= \sum_{k=1}^{11} 2 \cdot 3^{k-1}\ も可 \right]$

問 1.10　次の式を総和の記号 $\sum$ を用いて表せ．

(1) $2^{10} + 2^9 + 2^8 + \cdots + 2 + 1$ 　　(2) $\dfrac{1}{2} + \dfrac{2}{3} + \dfrac{3}{4} + \cdots + \dfrac{99}{100}$

数列の和の公式　1 から n までの自然数の累乗の和を求める.

1 から n までの自然数の和は, 等差数列の和の公式によって, 次のようになる.

$$\sum_{k=1}^{n} k = 1 + 2 + 3 + \cdots + n = \frac{n(n+1)}{2}$$

次に, 1 から n までの自然数の 2 乗の和

$$\sum_{k=1}^{n} k^2 = 1^2 + 2^2 + 3^2 + \cdots + n^2$$

を求める. 恒等式 $(k+1)^3 = k^3 + 3k^2 + 3k + 1$ を $(k+1)^3 - k^3 = 3k^2 + 3k + 1$ と変形して, この式に $k=1$ から $k=n$ まで代入した式を加えると,

$$
\begin{array}{rcl}
2^3 \quad - 1^3 &=& 3 \cdot 1^2 \;+\; 3 \cdot 1 \;+\; 1 \quad [k=1 \text{のとき}] \\
3^3 \quad - 2^3 &=& 3 \cdot 2^2 \;+\; 3 \cdot 2 \;+\; 1 \quad [k=2 \text{のとき}] \\
4^3 \quad - 3^3 &=& 3 \cdot 3^2 \;+\; 3 \cdot 3 \;+\; 1 \quad [k=3 \text{のとき}] \\
\vdots \qquad\quad & & \quad \vdots \qquad \vdots \\
+) \quad (n+1)^3 - n^3 &=& 3 \cdot n^2 \;+\; 3 \cdot n \;+\; 1 \quad [k=n \text{のとき}] \\
\hline
(n+1)^3 - 1^3 &=& 3\displaystyle\sum_{k=1}^{n} k^2 + 3\sum_{k=1}^{n} k + n
\end{array}
$$

となる. これを $\displaystyle\sum_{k=1}^{n} k^2$ について解くと, $\displaystyle\sum_{k=1}^{n} k = \frac{n(n+1)}{2}$ であるから, 次の式が得られる.

$$
\begin{aligned}
\sum_{k=1}^{n} k^2 &= \frac{1}{3}\left\{ (n+1)^3 - 1^3 - 3\sum_{k=1}^{n} k - n \right\} \\
&= \frac{1}{3}\left\{ n^3 + 3n^2 + 3n - 3 \cdot \frac{n(n+1)}{2} - n \right\} \\
&= \frac{n(n+1)(2n+1)}{6}
\end{aligned}
$$

同様に, 恒等式 $(k+1)^4 = k^4 + 4k^3 + 6k^2 + 4k + 1$ を用いることによって, 次の 1 から n までの自然数の 3 乗の和の公式が得られる (練習問題 1[6]).

$$\sum_{k=1}^{n} k^3 = \frac{n^2(n+1)^2}{4} = \left\{ \frac{n(n+1)}{2} \right\}^2$$

以上をまとめると，次の，自然数の累乗の和の公式が得られる．

1.5 自然数の累乗の和の公式

任意の自然数 n に対して，次の式が成り立つ．

(1) $\displaystyle\sum_{k=1}^{n} k = 1 + 2 + 3 + \cdots + n = \frac{n(n+1)}{2}$

(2) $\displaystyle\sum_{k=1}^{n} k^2 = 1^2 + 2^2 + 3^2 + \cdots + n^2 = \frac{n(n+1)(2n+1)}{6}$

(3) $\displaystyle\sum_{k=1}^{n} k^3 = 1^3 + 2^3 + 3^3 + \cdots + n^3 = \frac{n^2(n+1)^2}{4} = \left\{\frac{n(n+1)}{2}\right\}^2$

---

note   公式 (1), (3) から，任意の自然数 n に対して，次が成り立つことがわかる．

$$1^3 + 2^3 + 3^3 + \cdots + n^3 = (1 + 2 + 3 + \cdots + n)^2$$

例 1.11   自然数の累乗の和の公式を用いて，数列の和を求める．

(1) $\displaystyle\sum_{k=1}^{6} k^2 = \frac{6(6+1)(2 \cdot 6 + 1)}{6} = 91$

(2) $\displaystyle\sum_{k=1}^{n-1} k^2 = \frac{(n-1)\{(n-1)+1\}\{2(n-1)+1\}}{6} = \frac{n(n-1)(2n-1)}{6}$

(3) $\displaystyle\sum_{k=4}^{10} k^3 = 4^3 + 5^3 + \cdots + 10^3$

$$= (1^3 + 2^3 + \cdots + 10^3) - (1^3 + 2^3 + 3^3)$$

$$= \left\{\frac{10(10+1)}{2}\right\}^2 - \left\{\frac{3(3+1)}{2}\right\}^2 = 2989$$

問 1.11 次の和を求めよ．

(1) $\displaystyle\sum_{k=1}^{n-1} k$
(2) $\displaystyle\sum_{k=11}^{20} k^2$
(3) $\displaystyle\sum_{k=5}^{8} k^3$

▶ **総和の記号の性質**　　数列 $\{a_n\}$ と定数 c に対して，

$$\sum_{k=1}^{n} ca_k = ca_1 + ca_2 + ca_3 + \cdots + ca_n$$

$$= c(a_1 + a_2 + a_3 + \cdots + a_n) = c\sum_{k=1}^{n} a_k$$

となる.

とくに，つねに $a_k = c \ (1 \leqq k \leqq n)$ のとき，

$$\sum_{k=1}^{n} c = \overbrace{c + c + c + \cdots + c}^{n \text{ 個}} = nc$$

となる．さらに，2 つの数列 $\{a_n\}, \{b_n\}$ に対して，

$$\sum_{k=1}^{n} (a_k \pm b_k) = (a_1 \pm b_1) + (a_2 \pm b_2) + (a_3 \pm b_3) + \cdots + (a_n \pm b_n)$$

$$= (a_1 + a_2 + a_3 + \cdots + a_n) \pm (b_1 + b_2 + b_3 + \cdots + b_n)$$

$$= \sum_{k=1}^{n} a_k \pm \sum_{k=1}^{n} b_k \qquad \text{（複号同順）}$$

が成り立つ.

以上をまとめると，総和の記号に関する次の性質が得られる.

1.6　総和の記号の性質

2 つの数列 $\{a_n\}, \{b_n\}$ および定数 c について，次のことが成り立つ.

(1) $\displaystyle\sum_{k=1}^{n} c = nc$ 　　　　　　(2) $\displaystyle\sum_{k=1}^{n} ca_k = c\sum_{k=1}^{n} a_k$

(3) $\displaystyle\sum_{k=1}^{n} (a_k \pm b_k) = \sum_{k=1}^{n} a_k \pm \sum_{k=1}^{n} b_k$ 　　（複号同順）

---

(2), (3) の性質をあわせて**線形性**という.

例 1.12　　　総和の記号の性質を用いて，いろいろな数列の和を求める．

(1)　$\displaystyle \sum_{k=1}^{10}(4k-3) = \sum_{k=1}^{10}4k - \sum_{k=1}^{10}3$

$\displaystyle = 4\sum_{k=1}^{10}k - \sum_{k=1}^{10}3 = 4 \cdot \frac{10(10+1)}{2} - 3 \cdot 10 = 190$

(2)　$\displaystyle \sum_{k=1}^{n}(2k^2-3k) = 2\sum_{k=1}^{n}k^2 - 3\sum_{k=1}^{n}k$

$\displaystyle = 2 \cdot \frac{n(n+1)(2n+1)}{6} - 3 \cdot \frac{n(n+1)}{2}$

$\displaystyle = \frac{n(n+1)}{6} \cdot \{2(2n+1)-9\} = \frac{n(n+1)(4n-7)}{6}$

問 1.12　次の和を求めよ．

(1)　$\displaystyle \sum_{k=1}^{n}(5k-7)$　　　　(2)　$\displaystyle \sum_{k=1}^{n}(3k^2+4k)$　　　　(3)　$\displaystyle \sum_{k=1}^{n}(k^3-2k)$

▮部分分数分解と数列の和　　　一般項が分数式になっている数列の和は，部分分数分解を用いると求められる場合がある．

例題 1.3　部分分数分解と数列の和 ──────────────────

$\displaystyle \sum_{k=1}^{n}\frac{1}{(k+1)(k+2)}$ を求めよ．

- -

解　部分分数分解を行うと $\displaystyle \frac{1}{(k+1)(k+2)} = \frac{1}{k+1} - \frac{1}{k+2}$ となる．よって，求める和は次のようになる．

$$\sum_{k=1}^{n}\frac{1}{(k+1)(k+2)} = \sum_{k=1}^{n}\left(\frac{1}{k+1} - \frac{1}{k+2}\right)$$

$$= \left(\frac{1}{2}-\frac{1}{3}\right) + \left(\frac{1}{3}-\frac{1}{4}\right) + \left(\frac{1}{4}-\frac{1}{5}\right) + \cdots + \left(\frac{1}{n+1} - \frac{1}{n+2}\right)$$

$$= \frac{1}{2} - \frac{1}{n+2} = \frac{n}{2(n+2)}$$

問 1.13　部分分数分解 $\displaystyle \frac{1}{(2k-1)(2k+1)} = \frac{1}{2}\left(\frac{1}{2k-1} - \frac{1}{2k+1}\right)$ を用いて，

$\displaystyle \sum_{k=1}^{n}\frac{1}{(2k-1)(2k+1)}$ を求めよ．

1.5 数列の漸化式

数列の漸化式　　数列 $\{a_n\}$ のいくつかの項の間に，たとえば，

$$a_{n+1} = 3a_n + 1 \quad (n = 1, 2, 3, \ldots)$$

が成り立っているとき，初項 a_1 がわかれば，この式の n に $1, 2, 3, \ldots$ を代入することによって，数列の項を順番に求めていくことができる．このような，数列 $\{a_n\}$ の，一般項を含むいくつかの項の間に成り立つ関係式を**漸化式**という．

例 1.13　　数列 $\{a_n\}$ が $a_1 = 1$ および漸化式 $a_{n+1} = 3a_n + 1$ を満たすとき，はじめの 5 項は次のようになる．

$$\begin{aligned}
a_1 &= 1 \\
a_2 &= 3a_1 + 1 = 3 \cdot 1 + 1 = 4 \\
a_3 &= 3a_2 + 1 = 3 \cdot 4 + 1 = 13 \\
a_4 &= 3a_3 + 1 = 3 \cdot 13 + 1 = 40 \\
a_5 &= 3a_4 + 1 = 3 \cdot 40 + 1 = 121 \\
&\qquad\qquad\qquad\qquad \vdots
\end{aligned}$$

問 1.14　次の漸化式を満たす数列のはじめの 5 項を求めよ．

(1)　$a_1 = 2,\ a_{n+1} = 3a_n - 2$　　　　　　(2)　$a_1 = 1,\ a_{n+1} = -2a_n + 1$

例 1.14　　(1)　漸化式 $a_{n+1} = a_n + d$ は，各項に d を加えて次の項を作る関係式である．したがって，数列 $\{a_n\}$ は公差 d の等差数列である．

(2)　漸化式 $a_{n+1} = ra_n$ は，各項を r 倍して次の項を作る関係式である．したがって，数列 $\{a_n\}$ は公比 r の等比数列である．

例題 1.4　数列の漸化式

数列 $\{a_n\}$ が $a_1 = 5,\ a_{n+1} = 4a_n - 6$ を満たすとき，一般項 a_n を求めよ．

解　最初に，任意の自然数 n に対して，

$$a_{n+1} - k = 4(a_n - k)$$

を満たす定数 k を求める．これを展開して整理すると，

$$a_{n+1} = 4a_n - 3k$$

となるから，与えられた漸化式 $a_{n+1} = 4a_n - 6$ と比較すれば $k = 2$ が得られる．したがって，$a_{n+1} - 2 = 4(a_n - 2)$ が成り立つ．ここで $b_n = a_n - 2$ とおけば，数列 $\{b_n\}$ は漸化式

$$b_{n+1} = 4b_n$$

を満たす．$b_1 = a_1 - 2 = 3$ であるから，$\{b_n\}$ は初項が 3，公比が 4 の等比数列である．したがって，$b_n = 3 \cdot 4^{n-1}$ となる．よって，a_n は次のようになる．

$$a_n = b_n + 2 = 3 \cdot 4^{n-1} + 2$$

問 1.15　次の漸化式を満たす数列の一般項を求めよ．

(1)　$a_1 = 2$，$a_{n+1} = 2a_n + 3$　　　　(2)　$a_1 = 5$，$a_{n+1} = -3a_n + 4$

(1.6) 数学的帰納法

■**数学的帰納法**　自然数に関する命題が「任意の自然数について成り立つ」ことを証明するとき，いくつかの自然数について成り立つことだけを確かめても，その命題を証明したことにはならない．しかし，

(i)　$n = 1$ のとき，その命題は成り立つ．

(ii)　$n = k$ のときにその命題が成り立つと仮定すると，$n = k + 1$ のときにもその命題が成り立つ．

の 2 つのことが証明できれば，

$n = 1$ のとき，(i)によりその命題が成り立つ．

したがって，$n = 2$ のときにもその命題が成り立つ．

したがって，$n = 3$ のときにもその命題が成り立つ．

$\vdots$

したがって，$n = k$ のときにもその命題が成り立つ．

したがって，$n = k + 1$ のときにもその命題が成り立つ．

$\vdots$

となって，すべての自然数 n についてその命題が成り立つ．このような方法で自然数 n に関する命題を証明する方法を**数学的帰納法**という．

例題 1.5　**数学的帰納法**

n を自然数とするとき，命題

$$1 + 3 + 5 + \cdots + (2n - 1) = n^2$$

が成り立つことを，数学的帰納法を用いて証明せよ.

証明

(i)　$n = 1$ のとき，左辺 $= 1$，右辺 $= 1^2 = 1$ となるから，与えられた命題は成り立つ.

(ii)　$n = k$ のとき命題が成り立つと仮定すれば，

$$1 + 3 + 5 + \cdots + (2k - 1) = k^2 \qquad \cdots\cdots ①$$

が成り立つ.　①の両辺に $2k - 1$ の次の奇数である $2k + 1$ を加えると

$$1 + 3 + 5 + \cdots + (2k - 1) + (2k + 1) = k^2 + (2k + 1)$$

となる.　右辺は $k^2 + 2k + 1 = (k + 1)^2$ となるから，

$$1 + 3 + \cdots + (2k - 1) + (2k + 1) = (k + 1)^2 \qquad \cdots\cdots ②$$

が得られる.　②は $n = k + 1$ のときにも命題が成り立つことを示している.

(i)，(ii) より，数学的帰納法によって，すべての自然数 n に対して与えられた命題が成り立つ.　証明終

---+

問1.16　数学的帰納法を用いて，すべての自然数 n について次の等式が成り立つことを証明せよ.

(1)　$1 + 2 + 3 + \cdots + n = \dfrac{n(n+1)}{2}$

(2)　$1 \cdot 2 + 2 \cdot 3 + 3 \cdot 4 + \cdots + n(n+1) = \dfrac{n(n+1)(n+2)}{3}$

■コーヒーブレイク

アキレスと亀　歩くのが遅い亀と走るのが速いアキレスが，どちらが先にゴールに着くか競走することになった.　遅い亀にはハンデを与えて，アキレスよりもゴールに近い A 地点から出発することにして，同時にスタートするものとする.

　アキレスが A 地点に到達すると，亀はその時間の分だけ歩いてゴールに近い B 地点に到達する.　次に，アキレスが B 地点に到達したとき，亀はその時間の分だけ歩いて，さらにゴールに近い C 地点に到達する.　このことを繰り返していくと，アキレスはいつまでも亀を追い越すことはできない.

　これは，ゼノン（古代ギリシャの哲学者）のパラドックスと呼ばれるものである.　パラドックスは，正しそうに見える前提と推論から，受け入れがたい結論が得られることをいう.

練習問題 1

[1] 次の条件を満たす等差数列の一般項 a_n を求めよ.
  (1) 初項が -5, 第 5 項が 11　　　　　(2) 第 3 項が 1, 第 7 項が 2
  (3) 第 6 項が -5, 初項から第 6 項までの和が 15

[2] 初項が 98, 公差が -4 の等差数列の, 初項から第 n 項までの和を S_n とする. S_n が最大となる n の値を求めよ.

[3] 等比数列 $1, -2, 4, -8, \ldots$ について, 次の問いに答えよ.
  (1) 一般項 a_n を求めよ.　　　　　　(2) 第 10 項 a_{10} を求めよ.
  (3) -2048 は第何項か.

[4] 次の条件を満たす等比数列の一般項 a_n を求めよ. ただし, 公比 r は実数とする.
  (1) 第 4 項が 1, 第 7 項が 8　　　　　(2) 初項が 4, 第 3 項が 1
  (3) 初項が 2, 初項から第 3 項までの和が 14

[5] 次の和を総和の記号 $\sum$ を用いて表し, その和を求めよ.
  (1) $1 \cdot 2 + 2 \cdot 3 + 3 \cdot 4 + \cdots + 9 \cdot 10$
  (2) $1 \cdot 2 \cdot 3 + 2 \cdot 3 \cdot 4 + 3 \cdot 4 \cdot 5 + \cdots + 8 \cdot 9 \cdot 10$

[6] 展開公式 $(k+1)^4 = k^4 + 4k^3 + 6k^2 + 4k + 1$ を用いて, 次の公式が成り立つことを証明せよ.

$$\sum_{k=1}^{n} k^3 = \left\{ \frac{n(n+1)}{2} \right\}^2$$

[7] $S = \displaystyle\sum_{k=1}^{10} \frac{1}{k(k+2)}$ について, 次の問いに答えよ.
  (1) $\dfrac{1}{k(k+2)}$ を部分分数に分解せよ.　　(2) 和 S を求めよ.

[8] 数列 $\{a_n\}$ が, 次の条件を満たすとき, 第 5 項 a_5, 第 6 項 a_6 を求めよ.
  (1) $a_1 = 2$, $a_{n+1} = -2a_n + 4$
  (2) $a_1 = 1$, $a_2 = \dfrac{\pi}{4}$, $a_{n+2} = \dfrac{n+1}{n+2} a_n$

[9] 数学的帰納法によって, 次の和の公式 1.5(3) が成り立つことを証明せよ.

$$\sum_{k=1}^{n} k^2 = \frac{n(n+1)(2n+1)}{6}$$

2 数列の極限

2.1 数列の極限

▶**数列の極限値**　項が無限に続く数列を**無限数列**という．n が限りなく大きくなるとき，無限数列 $\{a_n\}$ の第 n 項 a_n の変化の様子を調べる．

例 2.1　(1)　$a_n = \dfrac{1}{n}$ のとき，

$$a_{10} = \frac{1}{10} = 0.1, \quad a_{100} = \frac{1}{100} = 0.01, \quad a_{1000} = \frac{1}{1000} = 0.001, \quad \ldots$$

となって，n が限りなく大きくなるとき，a_n は限りなく 0 に近づいていく．

(2)　$a_n = \dfrac{n+1}{n}$ のとき，

$$a_{10} = \frac{11}{10} = 1.1, \quad a_{100} = \frac{101}{100} = 1.01, \quad a_{1000} = \frac{1001}{1000} = 1.001, \quad \ldots$$

となって，n が限りなく大きくなるとき，a_n は限りなく 1 に近づいていく．

n が限りなく大きくなることを $n \to \infty$ と表す．∞ は**無限大**と読む．一般に，$n \to \infty$ のとき，a_n がある一定の値 α に限りなく近づいていくならば，数列 $\{a_n\}$ は α に**収束する**といい，

$$\lim_{n \to \infty} a_n = \alpha \quad \text{または} \quad a_n \to \alpha \ (n \to \infty)$$

と表す．このとき，α を数列 $\{a_n\}$ の**極限値**という．

　$a_n = c$（c は定数）のとき，数列 $\{a_n\}$ の極限値は c とする．

例 2.2　例 2.1(1) は

$$\lim_{n \to \infty} \frac{1}{n} = 0 \quad \text{または} \quad \frac{1}{n} \to 0 \ (n \to \infty)$$

と表される．一般に，a_n が分数で表されているとき，a_n の分子が一定で，分母の絶対値だけが限りなく大きくなっていくならば，a_n は限りなく 0 に近づいていく．

数列の極限値は，次の性質をもつ．

2.1　数列の極限値の性質

$\lim\limits_{n\to\infty} a_n = \alpha$, $\lim\limits_{n\to\infty} b_n = \beta$ のとき，次のことが成り立つ．

(1)　$\lim\limits_{n\to\infty} c\,a_n = c\alpha$　　（c は定数）

(2)　$\lim\limits_{n\to\infty} (a_n \pm b_n) = \alpha \pm \beta$　　（複号同順）

(3)　$\lim\limits_{n\to\infty} a_n b_n = \alpha\beta$

(4)　$\lim\limits_{n\to\infty} \dfrac{a_n}{b_n} = \dfrac{\alpha}{\beta}$　　$(b_n \neq 0,\ \beta \neq 0)$

---

(1), (2) が成り立つから，数列の極限値も線形性をもつ．

例題 2.1　**数列の極限値** ─────────────

極限値 $\lim\limits_{n\to\infty} \dfrac{2n^2 + 3n + 1}{n^2 + 1}$ を求めよ．

- -

解　分子，分母を分母の最大次数の項 n^2 で割る．$\dfrac{1}{n} \to 0$, $\dfrac{1}{n^2} \to 0$ $(n \to \infty)$ である

ことを用いると，極限値は次のようになる．

$$\lim_{n\to\infty} \frac{2n^2 + 3n + 1}{n^2 + 1} = \lim_{n\to\infty} \frac{2 + 3 \cdot \dfrac{1}{n} + \dfrac{1}{n^2}}{1 + \dfrac{1}{n^2}} = \frac{2 + 3 \cdot 0 + 0}{1 + 0} = 2$$

問2.1　次の極限値を求めよ．

(1)　$\lim\limits_{n\to\infty} \dfrac{5n + 3}{4n - 2}$　　　　(2)　$\lim\limits_{n\to\infty} \dfrac{4n + 1}{3 - 2n}$　　　　(3)　$\lim\limits_{n\to\infty} \dfrac{3n^3 - n}{3n^3 + 4n^2}$

数列の発散　　数列 $\{a_n\}$ が収束しないとき，数列 $\{a_n\}$ は**発散する**という．

n が限りなく大きくなるとき，a_n の値が限りなく大きくなるならば，数列 $\{a_n\}$ は**正の無限大に発散する**，または ∞ に**発散する**といい，

$$\lim_{n\to\infty} a_n = \infty \quad \text{または} \quad a_n \to \infty \ (n \to \infty)$$

と表す．また，n が限りなく大きくなるとき，十分大きな n に対して $a_n < 0$ でその絶対値が限りなく大きくなるならば，数列 $\{a_n\}$ は**負の無限大に発散する**，または $-\infty$ に**発散する**といい，

$$\lim_{n\to\infty} a_n = -\infty \quad \text{または} \quad a_n \to -\infty \ (n \to \infty)$$

と表す. 発散する数列 $\{a_n\}$ が, 正の無限大にも負の無限大にも発散しないときは, **振動する**という. したがって, 数列が発散するとき, 「正の無限大に発散する」, 「負の無限大に発散する」, 「振動する」のいずれかになる.

例題 2.2 **数列の極限**————————————————————

一般項が次の式で表される数列の収束・発散を調べ, 収束するときにはその極限値を求めよ.

(1) $n^3 - 5n$

(2) $\dfrac{3n^2 + 1}{2n^2 + 3}$

(3) $\dfrac{-2n^2 + 5n - 3}{n + 7}$

(4) $\sin\dfrac{n\pi}{2}$

解 (1) 最大次数の項 n^3 でくくると,

$$n^3 - 5n = n^3\left(1 - \frac{5}{n^2}\right)$$

となる. $n \to \infty$ のとき $n^3 \to \infty$, $1 - \dfrac{5}{n^2} \to 1$ であるから, 与えられた数列は正の無限大に発散する.

(2) 分子, 分母を分母の最大次数の項 n^2 で割り, $n \to \infty$ とすると,

$$\lim_{n\to\infty} \frac{3n^2 + 1}{2n^2 + 3} = \lim_{n\to\infty} \frac{3 + \dfrac{1}{n^2}}{2 + 3\cdot\dfrac{1}{n^2}} = \frac{3 + 0}{2 + 0} = \frac{3}{2}$$

となる. したがって, 与えられた数列は収束し, 極限値は $\dfrac{3}{2}$ である.

(3) 分子, 分母を分母の最大次数の項 n で割り, $n \to \infty$ とすると,

$$\lim_{n\to\infty} \frac{-2n^2 + 5n - 3}{n + 7} = \lim_{n\to\infty} \frac{-2n + 5 - \dfrac{3}{n}}{1 + \dfrac{7}{n}} = -\infty$$

となる. したがって, 負の無限大に発散する.

(4) $n = 1$ から順に代入していくと,

$$1,\, 0,\, -1,\, 0,\, 1, \ldots$$

と同じ値の並びが繰り返される. この数列は一定の値に収束せず, 正の無限大にも負の無限大にも発散しないから, 振動する.

問2.2　一般項が次の式で表される数列の収束・発散を調べ，収束するときにはその極限値を求めよ．

(1)　$-2n^2 + 3n$　　　　(2)　$\dfrac{3n - 2}{n - 5}$　　　　(3)　$\cos n\pi$

▶ **等比数列の極限**　　等比数列 $\{r^n\}$ の収束と発散は，公比 r の値によって分類することができる．具体的にいくつかの値で調べてみると，次のようになる．

(1)　$r > 1$ のとき．たとえば，$r = 2$ のときは，$2, 4, 8, \ldots, 2^n, \ldots$ となり，限りなく大きくなる．すなわち，正の無限大に発散する．

$$\lim_{n \to \infty} 2^n = \infty$$

(2)　$r = 1$ のとき．すべての項が 1 であるから，1 に収束する．

(3)　$|r| < 1$ のとき．たとえば，$r = \dfrac{1}{2}$ のときは，$\dfrac{1}{2}, \dfrac{1}{4}, \dfrac{1}{8}, \ldots, \dfrac{1}{2^n}, \ldots$ となり，分子は一定で分母が限りなく大きくなるから，0 に収束する．$r = -\dfrac{1}{2}$ のときも同様に 0 に収束する．

$$\lim_{n \to \infty} \left(\frac{1}{2}\right)^n = 0, \quad \lim_{n \to \infty} \left(-\frac{1}{2}\right)^n = 0$$

(4)　$r = -1$ のとき．$-1, 1, -1, \ldots, (-1)^n, \ldots$ と，-1 と 1 を繰り返すから，振動する．

(5)　$r < -1$ のとき．たとえば，$r = -2$ のときは，$-2, 4, -8, \ldots, (-2)^n, \ldots$ となり，$\{r^n\}$ は収束せず，∞ にも $-\infty$ にも発散しないから振動する．

(4) と (5) から，$r \leqq -1$ のときは振動する．

　一般に，等比数列の収束と発散は，公比 r の値によって次のように分類することができる．

2.2　等比数列の収束と発散

$$\lim_{n \to \infty} r^n = \begin{cases} \infty & (r > 1 \text{ のとき}) \\ 1 & (r = 1 \text{ のとき}) \\ 0 & (|r| < 1 \text{ のとき}) \end{cases}$$

$r \leqq -1$ のときは $\{r^n\}$ は振動する

例題 2.3 等比数列の極限 ─────────────

一般項が次の式で表される数列の収束・発散を調べ，収束するときにはその極限値を求めよ.

(1) $\left(\dfrac{2}{3}\right)^n$　　　　　　(2) $(-3)^n$　　　　　　(3) $\dfrac{5^n + 2^n}{5^n - 2^n}$

解　公比を r とする.

(1) $|r| = \left|\dfrac{2}{3}\right| < 1$ であるから，0 に収束する.

(2) $r = -3 \leqq -1$ であるから，振動する.

(3) 分母と分子を 5^n で割る. $\left|\dfrac{2}{5}\right| < 1$ であるから，

$$\lim_{n\to\infty} \frac{5^n + 2^n}{5^n - 2^n} = \lim_{n\to\infty} \frac{1 + \left(\dfrac{2}{5}\right)^n}{1 - \left(\dfrac{2}{5}\right)^n} = 1 \quad \left[\left(\frac{2}{5}\right)^n \to 0 \ (n\to\infty)\right]$$

である. よって，1 に収束する.

─────────────────────────────────────

問2.3　次の等比数列の収束・発散を調べ，収束するときにはその極限値を求めよ.

(1) $1, \dfrac{3}{2}, \dfrac{9}{4}, \dfrac{27}{8}, \cdots$　　(2) $2, -1, \dfrac{1}{2}, -\dfrac{1}{4}, \cdots$　　(3) $1, -\sqrt{2}, 2, -2\sqrt{2}, \cdots$

問2.4　一般項が次の式で表される数列の収束・発散を調べ，収束するときにはその極限値を求めよ.

(1) $\dfrac{2^n - 1}{2^n}$　　　　　　(2) $\dfrac{3^n - 2^n}{4^n + 2^n}$　　　　　　(3) $\dfrac{2^n - 5^n}{3^n - 2^n}$

2.2 級数とその和

▶ 級数の収束と発散　　数列 $\{a_n\}$ の項を形式的に限りなく加えたもの

$$a_1 + a_2 + a_3 + \cdots + a_n + \cdots$$

を**無限級数**，または単に**級数**といい，$\displaystyle\sum_{n=1}^{\infty} a_n$ と表す. また，a_1 から a_n までの和

$$S_n = \sum_{k=1}^{n} a_k = a_1 + a_2 + a_3 + \cdots + a_n$$

を，この級数の第 n **部分和**という．部分和の作る数列 $\{S_n\}$ がある値 S に収束するとき，すなわち，$\lim_{n\to\infty} S_n = S$ であるとき，級数 $\sum_{n=1}^{\infty} a_n$ は S に**収束する**という．このとき，S を**級数の和**といい，

$$\sum_{n=1}^{\infty} a_n = a_1 + a_2 + a_3 + \cdots + a_n + \cdots = S$$

と表す．数列 $\{S_n\}$ が発散するときには，級数 $\sum_{n=1}^{\infty} a_n$ は**発散する**という．

級数 $\sum_{n=1}^{\infty} a_n$ が S に収束するとき，その第 n 部分和 S_n が S に収束するから，

$$\lim_{n\to\infty} a_n = \lim_{n\to\infty} (S_n - S_{n-1}) = \lim_{n\to\infty} S_n - \lim_{n\to\infty} S_{n-1} = S - S = 0$$

が成り立つ．つまり，級数 $\sum_{n=1}^{\infty} a_n$ が収束すれば $\lim_{n\to\infty} a_n = 0$ である．この対偶をとると，次が成り立つ．

$$\lim_{n\to\infty} a_n \neq 0 \implies 級数 \sum_{n=1}^{\infty} a_n は発散する$$

---

note　$\lim_{n\to\infty} a_n = 0$ であっても，$\sum_{n=1}^{\infty} a_n$ が発散することがある．たとえば，$\lim_{n\to\infty} \dfrac{1}{n} = 0$ であるが $\sum_{n=1}^{\infty} \dfrac{1}{n}$ は発散することが知られている．

例題 2.4　級数の収束と発散

次の級数の収束・発散を調べ，収束するときにはその和を求めよ．

(1) $\dfrac{1}{2} + \dfrac{2}{3} + \dfrac{3}{4} + \cdots + \dfrac{n}{n+1} + \cdots$

(2) $\dfrac{1}{1 \cdot 2} + \dfrac{1}{2 \cdot 3} + \dfrac{1}{3 \cdot 4} + \cdots + \dfrac{1}{n(n+1)} + \cdots$

解 (1) 一般項 a_n の分子・分母を n で割ると，$a_n = \dfrac{n}{n+1} = \dfrac{1}{1+\dfrac{1}{n}} \to 1 \,(n \to \infty)$

となる．$\displaystyle\lim_{n\to\infty} a_n \neq 0$ であるから，与えられた級数は発散する．

(2) 部分分数分解 $\dfrac{1}{k(k+1)} = \dfrac{1}{k} - \dfrac{1}{k+1}$ を用いると，部分和 S_n は

$$S_n = \frac{1}{1\cdot 2} + \frac{1}{2\cdot 3} + \frac{1}{3\cdot 4} + \cdots + \frac{1}{n(n+1)}$$

$$= \left(\frac{1}{1} - \frac{1}{2}\right) + \left(\frac{1}{2} - \frac{1}{3}\right) + \left(\frac{1}{3} - \frac{1}{4}\right) + \cdots + \left(\frac{1}{n} - \frac{1}{n+1}\right)$$

$$= 1 - \frac{1}{n+1} \to 1 \quad (n \to \infty)$$

である．したがって，この級数は収束し，その和は 1 である．すなわち，次が成り立つ．

$$\sum_{n=1}^{\infty} \frac{1}{n(n+1)} = \frac{1}{1\cdot 2} + \frac{1}{2\cdot 3} + \frac{1}{3\cdot 4} + \cdots + \frac{1}{n(n+1)} + \cdots = 1$$

問2.5 次の級数の収束・発散を調べ，収束するときにはその和を求めよ．

(1) $\displaystyle\sum_{n=1}^{\infty} \frac{2n+1}{2n}$

(2) $\displaystyle\sum_{n=1}^{\infty} \frac{1}{(2n-1)(2n+1)}$

■等比級数 　初項 a，公比 r の等比数列が作る級数

$$\sum_{n=1}^{\infty} ar^{n-1} = a + ar + ar^2 + ar^3 + \cdots + ar^{n-1} + \cdots$$

を**無限等比級数**，または単に**等比級数**という．$a,\ r$ をそれぞれ等比級数の初項，公比という．

例2.3 　初項が $\dfrac{1}{2}$，公比が $\dfrac{1}{2}$ の等比数列が作る級数

$$\sum_{n=1}^{\infty} \frac{1}{2^n} = \frac{1}{2} + \frac{1}{4} + \frac{1}{8} + \cdots + \frac{1}{2^n} + \cdots$$

の収束と発散について調べる．第 n 部分和 S_n は，初項が $\dfrac{1}{2}$，公比が $\dfrac{1}{2}$ の等比数列の初項から第 n 項までの和であるから，等比数列の和の公式によって

$$S_n = \frac{1}{2} + \frac{1}{4} + \frac{1}{8} + \cdots + \frac{1}{2^n}$$

$$= \frac{\frac{1}{2}\left\{1-\left(\frac{1}{2}\right)^n\right\}}{1-\frac{1}{2}} = 1-\left(\frac{1}{2}\right)^n$$

となる．したがって，

$$\lim_{n\to\infty} S_n = \lim_{n\to\infty}\left\{1-\left(\frac{1}{2}\right)^n\right\} = 1$$

が成り立つ．よって，与えられた級数は収束して，その和は 1 である．すなわち，次が成り立つ．

$$\frac{1}{2} + \frac{1}{4} + \frac{1}{8} + \cdots + \frac{1}{2^n} + \cdots = 1$$

note　1 辺の長さが 1 の正方形を図のように塗りつぶしていくと，その塗りつぶされた部分の面積の和が例 2.3 の級数の部分和であり，この値は正方形の面積 1 に限りなく近づいていく．したがって，この級数は 1 に収束する．

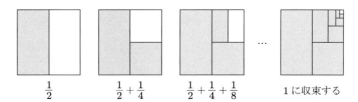

$$\frac{1}{2} \qquad \frac{1}{2}+\frac{1}{4} \qquad \frac{1}{2}+\frac{1}{4}+\frac{1}{8} \qquad 1\text{ に収束する}$$

等比級数の収束と発散　$a \neq 0$ のとき，等比級数 $\displaystyle\sum_{n=1}^{\infty} ar^{n-1}$ の収束と発散について調べる．第 n 部分和を S_n とすると，

$$S_n = a + ar + ar^2 + \cdots + ar^{n-1} = \begin{cases} \dfrac{a(1-r^n)}{1-r} & (r \neq 1) \\[2mm] na & (r = 1) \end{cases}$$

である．$|r| < 1$ のとき，$\displaystyle\lim_{n\to\infty} r^n = 0$ であるから，

$$\lim_{n\to\infty} S_n = \lim_{n\to\infty} \frac{a(1-r^n)}{1-r} = \frac{a}{1-r}$$

となる．$r = 1$ のときは，$S_n = na$ であるから発散する．$r > 1$ または $r \leqq -1$ のときは，r^n が発散するから S_n も発散する．

以上のことから，等比級数の収束と発散について，次のことが成り立つ．

2.3 等比級数の収束と発散

初項 a $(a \neq 0)$，公比 r の等比級数は，$|r| < 1$ のときに限って収束し，その和は次のようになる.

$$\sum_{n=1}^{\infty} ar^{n-1} = a + ar + ar^2 + \cdots + ar^{n-1} + \cdots = \frac{a}{1-r}$$

$|r| \geqq 1$ のとき，等比級数は発散する.

例題 2.5 等比級数の収束と発散 ―――――――――――――

次の等比級数の収束・発散を調べ，収束するときにはその和を求めよ.

(1) $2 + \dfrac{2}{3} + \dfrac{2}{9} + \cdots + \dfrac{2}{3^{n-1}} + \cdots$

(2) $1 - 2 + 4 - 8 + \cdots + (-2)^{n-1} + \cdots$

- -

解 (1) 与えられた級数は，初項が 2，公比が $\dfrac{1}{3}$ の等比級数である．$\left|\dfrac{1}{3}\right| < 1$ であるからこの級数は収束し，その和は次のようになる.

$$S = \frac{2}{1 - \dfrac{1}{3}} = 3$$

(2) 公比は -2 であり，$|-2| \geqq 1$ だから，この級数は発散する.

問2.6 次の等比級数の収束・発散を調べ，収束するときにはその和を求めよ.

(1) $9 + 3 + 1 + \dfrac{1}{3} + \cdots$ （2） $5 - \dfrac{5}{2} + \dfrac{5}{4} - \dfrac{5}{8} + \cdots$

(3) $1 + \dfrac{3}{2} + \dfrac{9}{4} + \dfrac{27}{8} + \cdots$

等比級数と循環小数 循環小数は既約分数で表すことができる.

例 2.4 循環小数 $0.\dot{7} = 0.77777\cdots$ は，

$$0.77777\cdots = 0.7 + 0.07 + 0.007 + \cdots = \frac{7}{10} + \frac{7}{100} + \frac{7}{1000} + \cdots$$

となるから，初項 $\dfrac{7}{10}$，公比 $\dfrac{1}{10}$ の等比級数である．したがって，次が得られる.

$$0.\dot{7} = \frac{\dfrac{7}{10}}{1 - \dfrac{1}{10}} = \frac{7}{10 - 1} = \frac{7}{9}$$

問2.7　次の循環小数を既約分数で表せ.

(1)　$0.\dot{9} = 0.999\cdots$　　(2)　$0.\dot{9}\dot{5} = 0.9595\cdots$　　(3)　$0.\dot{1}2\dot{3} = 0.123123\cdots$

級数の和の性質　級数の和は，次の線形性をもつ.

2.4　級数の和の線形性

$\displaystyle\sum_{n=1}^{\infty} a_n, \sum_{n=1}^{\infty} b_n$ が収束するとき，$\displaystyle\sum_{n=1}^{\infty} c\,a_n$ (c は定数)，$\displaystyle\sum_{n=1}^{\infty}(a_n \pm b_n)$ も収束して，次のことが成り立つ.

(1)　$\displaystyle\sum_{n=1}^{\infty} c\,a_n = c\sum_{n=1}^{\infty} a_n$

(2)　$\displaystyle\sum_{n=1}^{\infty}(a_n \pm b_n) = \sum_{n=1}^{\infty} a_n \pm \sum_{n=1}^{\infty} b_n$　　(複号同順)

例 2.5　級数 $\displaystyle\sum_{n=1}^{\infty}\frac{(-1)^n + 2^n}{3^n}$ の収束・発散を調べる.

$$\sum_{n=1}^{\infty}\frac{(-1)^n + 2^n}{3^n} = \sum_{n=1}^{\infty}\left\{\left(-\frac{1}{3}\right)^n + \left(\frac{2}{3}\right)^n\right\}$$

であり，$\left|-\dfrac{1}{3}\right| < 1,\ \left|\dfrac{2}{3}\right| < 1$ であるから，等比級数 $\displaystyle\sum_{n=1}^{\infty}\left(-\frac{1}{3}\right)^n, \sum_{n=1}^{\infty}\left(\frac{2}{3}\right)^n$ は収束する．したがって，級数の和の線形性から与えられた級数も収束し，その和は次のようになる.

$$\begin{aligned}\sum_{n=1}^{\infty}\frac{(-1)^n + 2^n}{3^n} &= \sum_{n=1}^{\infty}\left(-\frac{1}{3}\right)^n + \sum_{n=1}^{\infty}\left(\frac{2}{3}\right)^n \\ &= \frac{-\dfrac{1}{3}}{1-\left(-\dfrac{1}{3}\right)} + \frac{\dfrac{2}{3}}{1-\dfrac{2}{3}} = \frac{-1}{3+1} + \frac{2}{3-2} = \frac{7}{4}\end{aligned}$$

問2.8　次の級数の収束・発散を調べ，収束するときにはその和を求めよ.

(1)　$\displaystyle\sum_{n=1}^{\infty}\frac{3\cdot 5^{n-1} - 2^{n-1}}{10^{n-1}}$　　(2)　$\displaystyle\sum_{n=1}^{\infty}\frac{1+2^n+3^n}{4^n}$

●コーヒーブレイク

級数の和　無限級数 $\displaystyle\sum_{n=1}^{\infty} \frac{1}{n}$ が発散することは，次のようなことからわかる.

　この級数を，1 個，2 個，4 個と 2^k 個ずつにまとめて計算してみると，下記のようになり，正の無限大に発散する.

$$\sum_{n=1}^{\infty} \frac{1}{n} = 1 + \frac{1}{2} + \left(\frac{1}{3} + \frac{1}{4}\right) + \left(\frac{1}{5} + \frac{1}{6} + \frac{1}{7} + \frac{1}{8}\right) + \cdots$$

$$> 1 + \frac{1}{2} + \left(\frac{1}{4} + \frac{1}{4}\right) + \left(\frac{1}{8} + \frac{1}{8} + \frac{1}{8} + \frac{1}{8}\right) + \cdots$$

$$= 1 + \frac{1}{2} + \frac{1}{2} + \frac{1}{2} + \cdots \to \infty$$

では，分母を 2 乗した $\displaystyle\sum_{n=1}^{\infty} \frac{1}{n^2}$ はどうなるだろうか. 例題 2.4(2) を利用すると，

$$\sum_{n=1}^{\infty} \frac{1}{n^2} = \frac{1}{1^2} + \frac{1}{2^2} + \frac{1}{3^2} + \cdots$$

$$< 1 + \frac{1}{1 \cdot 2} + \frac{1}{2 \cdot 3} + \cdots$$

$$= 1 + \sum_{n=1}^{\infty} \frac{1}{n(n+1)} = 2$$

となる. この級数の部分和は正の数を加え続けるので単調に増加するが，上の不等式から 2 を超えることはない. この級数は，$\dfrac{\pi^2}{6}$ に収束することが知られている.

練習問題 2

[1] 次の極限値を求めよ.

(1) $\displaystyle \lim_{n \to \infty} \frac{n+3}{4n^2-1}$

(2) $\displaystyle \lim_{n \to \infty} \frac{2n^2-1}{(3n-2)(2n+5)}$

(3) $\displaystyle \lim_{n \to \infty} \frac{n^2+3}{1+2+3+\cdots+n}$

(4) $\displaystyle \lim_{n \to \infty} \{\log_2(8n-3) - \log_2(n+1)\}$

[2] 次の数列の極限値を求めよ.

(1) $\displaystyle \lim_{n \to \infty} \left(\frac{1}{n+1} - \frac{1}{n} \right)$

(2) $\displaystyle \lim_{n \to \infty} \left(\sqrt{n+1} - \sqrt{n} \right)$

[3] 次の級数の和を求めよ.

(1) $\displaystyle \sum_{n=1}^{\infty} \frac{1}{n(n+2)}$

(2) $\displaystyle \sum_{n=1}^{\infty} \frac{1}{n(n+3)}$

[4] 次の等比級数の収束・発散を調べ, 収束するときにはその和を求めよ.

(1) $1 + 3 + 9 + 27 + \cdots$

(2) $5 + 1 + \dfrac{1}{5} + \dfrac{1}{25} + \cdots$

(3) $2 + 0.6 + 0.18 + 0.054 + \cdots$

(4) $1 + (\sqrt{2}-1) + (\sqrt{2}-1)^2 + \cdots$

[5] 等比級数 $1 - 2x + 4x^2 - 8x^3 + \cdots$ が収束するような x の値の範囲を求め, そのときの和を求めよ.

[6] 次の級数の和を求めよ.

(1) $\displaystyle \sum_{n=1}^{\infty} \frac{1}{2^{n-1}}$

(2) $\displaystyle \sum_{n=1}^{\infty} 0.3^n$

(3) $\displaystyle \sum_{n=1}^{\infty} \frac{1-3^n}{5^n}$

[7] 級数 $\displaystyle \sum_{n=1}^{\infty} \frac{1}{1+2+\cdots+n}$ の和を求めよ.

3 関数とその極限

3.1 合成関数と逆関数

合成関数　関数 $y = f(u)$, $u = g(x)$ が与えられているとする. $u = g(x)$ の値域が $y = f(u)$ の定義域に含まれているとき, 関数 $y = f(g(x))$ を $y = f(u)$ と $u = g(x)$ の合成関数という.

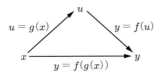

例 3.1　(1)　$y = u^3$ と $u = x^2 + 1$ の合成関数は, $y = (x^2 + 1)^3$ である.

(2)　$y = \sqrt[3]{x^2 + 1}$ は, $y = \sqrt[3]{u}$ と $u = x^2 + 1$ の合成関数である.

問 3.1　次の関数はどのような関数の合成関数となっているか.

(1)　$y = 2^{3x+2}$　　　　　　　　　　(2)　$y = \dfrac{1}{3x + 5}$

一般に, 2 つの関数 $f(x)$, $g(x)$ に対して, $f(g(x))$ と $g(f(x))$ は異なる.

例 3.2　$f(x) = x^3$, $g(x) = x^2 + 1$ とするとき, $f(g(x)) = (x^2 + 1)^3$ であり, $g(f(x)) = (x^3)^2 + 1 = x^6 + 1$ である.

問 3.2　$f(x) = \dfrac{1}{x}$, $g(x) = \sin x$ のとき, $f(g(x))$, $g(f(x))$ を求めよ.

逆関数　ある区間で定義された単調増加または単調減少な関数 $y = f(x)$ は, y の値を定めると x の値がただ 1 つ定まる. この x を

$$x = f^{-1}(y)$$

と表し, $y = f(x)$ の**逆関数**という. 通常は, 関数は独立変数を x, 従属変数を y とするから, x と y を交換した $y = f^{-1}(x)$ を $y = f(x)$ の逆関数とすることが多い. x と y を交換したから, $y = f(x)$ と $y = f^{-1}(x)$ のグラフは直線 $y = x$ について対称である.

<u>例3.3</u>　　(1)　$y = x^2 \ (x \geqq 0)$ は $x = \sqrt{y}$ とかき直すことができる. したがっ
て, $y = x^2 \ (x \geqq 0)$ の逆関数は $y = \sqrt{x}$ である.

(2)　3 を底とする指数関数 $y = 3^x$ は, 対数関数を用いて $x = \log_3 y$ とかき直
すことができる. したがって, $y = 3^x$ の逆関数は $y = \log_3 x$ である.

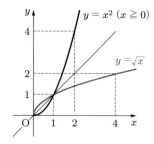
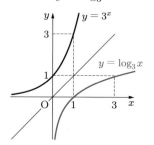

問3.3　$y = \dfrac{1}{x - 3}$ の逆関数を求めよ.

■逆三角関数　　三角関数 $y = \sin x$, $y = \cos x$ はいずれも単調ではないが, 単調
増加または単調減少となるように定義域を制限すれば, 逆関数が存在する.

(1)　正弦関数 $y = \sin x \left(-\dfrac{\pi}{2} \leqq x \leqq \dfrac{\pi}{2} \right)$ は単調増加である. その逆関数を**逆
正弦関数（アークサイン）**といい, $y = \sin^{-1} x$ と表す（図 1）.

(2)　余弦関数 $y = \cos x \ (0 \leqq x \leqq \pi)$ は単調減少である. その逆関数を**逆余弦
関数（アークコサイン）**といい, $y = \cos^{-1} x$ と表す（図 2）.

(3)　正接関数 $y = \tan x \left(-\dfrac{\pi}{2} < x < \dfrac{\pi}{2} \right)$ は単調増加である. その逆関数を**逆
正接関数（アークタンジェント）**といい, $y = \tan^{-1} x$ と表す. $x = \pm\dfrac{\pi}{2}$ は
$y = \tan x$ の漸近線であるから, $y = \tan^{-1} x$ の漸近線は $y = \pm\dfrac{\pi}{2}$ である（図 3）.

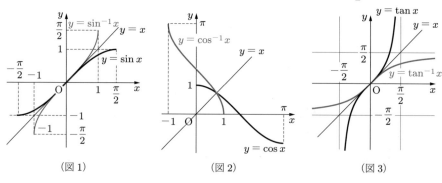

（図 1）　　　　　　　　（図 2）　　　　　　　　（図 3）

$y = \sin^{-1} x, y = \cos^{-1} x, y = \tan^{-1} x$ を総称して，**逆三角関数**という．次の表は，逆三角関数の定義域と値域をまとめたものである．

定義	定義域	値域
$y = \sin^{-1} x \iff x = \sin y$	$-1 \leqq x \leqq 1$	$-\dfrac{\pi}{2} \leqq y \leqq \dfrac{\pi}{2}$
$y = \cos^{-1} x \iff x = \cos y$	$-1 \leqq x \leqq 1$	$0 \leqq y \leqq \pi$
$y = \tan^{-1} x \iff x = \tan y$	すべての実数	$-\dfrac{\pi}{2} < y < \dfrac{\pi}{2}$

note　$\sin^{-1} x$ は $(\sin x)^{-1}$ のことではない．$(\sin x)^n = \sin^n x$ とかくのは n が自然数のときだけである．また，ここで定義した $\sin^{-1} x$ を $\mathrm{Sin}^{-1} x$, $\arcsin x$ と表す場合もある．$\cos^{-1} x, \tan^{-1} x$ についても同様である．

例題 3.1 逆三角関数の値

次の値を求めよ．

(1) $\sin^{-1} \dfrac{\sqrt{2}}{2}$　　　(2) $\cos^{-1} \left(-\dfrac{1}{2}\right)$　　　(3) $\tan^{-1} \left(-\sqrt{3}\right)$

解 (1) $\sin^{-1} \dfrac{\sqrt{2}}{2} = \theta$ とおくと，$\sin \theta = \dfrac{\sqrt{2}}{2} \left(-\dfrac{\pi}{2} \leqq \theta \leqq \dfrac{\pi}{2}\right)$ が成り立つから，$\theta = \dfrac{\pi}{4}$ となる．したがって，$\sin^{-1} \dfrac{\sqrt{2}}{2} = \dfrac{\pi}{4}$ である．

(2) $\cos^{-1} \left(-\dfrac{1}{2}\right) = \theta$ とおくと，$\cos \theta = -\dfrac{1}{2} \ (0 \leqq \theta \leqq \pi)$ が成り立つから，$\theta = \dfrac{2\pi}{3}$ となる．したがって，$\cos^{-1} \left(-\dfrac{1}{2}\right) = \dfrac{2\pi}{3}$ である．

(3) $\tan^{-1} \left(-\sqrt{3}\right) = \theta$ とおくと，$\tan \theta = -\sqrt{3} \left(-\dfrac{\pi}{2} < \theta < \dfrac{\pi}{2}\right)$ が成り立つから，$\theta = -\dfrac{\pi}{3}$ となる．したがって，$\tan^{-1} \left(-\sqrt{3}\right) = -\dfrac{\pi}{3}$ である．

問3.4 次の値を求めよ．

(1) $\sin^{-1} \dfrac{1}{2}$　　　(2) $\sin^{-1}(-1)$　　　(3) $\cos^{-1} \left(-\dfrac{\sqrt{2}}{2}\right)$

(4) $\cos^{-1} 0$　　　(5) $\tan^{-1} \dfrac{\sqrt{3}}{3}$　　　(6) $\tan^{-1}(-1)$

3.2 関数の収束と発散

関数の極限値　第2節では数列の極限について学んだ．ここでは，関数の性質を調べるための方法として，関数の極限について学習する．

関数 $f(x) = \dfrac{x^2-1}{x-1}$ は，$x=1$ では定義されていない．しかし，

$$x \neq 1 \text{ のとき，} \quad f(x) = \frac{(x+1)\cancel{(x-1)}}{\cancel{x-1}} = x+1$$

であるから，$y=f(x)$ のグラフは直線 $y=x+1$ から点 $(1,2)$ を除いたものになる．このとき，x が 1 と異なる値をとりながら 1 に限りなく近づくと，$f(x)$ の値は限りなく 2 に近づいていく．

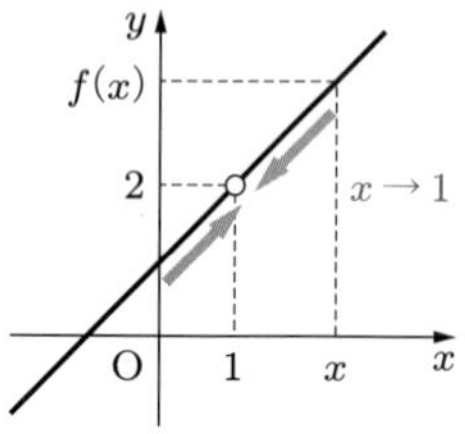

白丸：値が定義されていない点

一般に，関数 $f(x)$ において，x が a とは異なる値をとりながら限りなく a に近づくとき，その近づき方によらずに，$f(x)$ の値が限りなく一定の値 α に近づいていくならば，$f(x)$ は α に**収束する**といい，

$$\lim_{x \to a} f(x) = \alpha \quad \text{または} \quad f(x) \to \alpha \ (x \to a)$$

と表す．定数 α を，x が a に近づくときの $f(x)$ の**極限値**という．

例 3.4　関数 $\dfrac{x^2-1}{x-1}$ の $x \to 1$ としたときの 極限値は 2 である．これは次のように計算する．

$$\lim_{x \to 1} \frac{x^2-1}{x-1} = \lim_{x \to 1} \frac{(x+1)(x-1)}{x-1} = \lim_{x \to 1}(x+1) = 2$$

問 3.5　次の極限値を求めよ．

(1) $\displaystyle \lim_{x \to 2} \frac{x^2+x-6}{x-2}$　　(2) $\displaystyle \lim_{x \to -1} \frac{x^3+1}{x+1}$

一般に，$x \to a$ のとき $f(x)$, $g(x)$ が収束するならば，それらの定数倍，和・差・積・商も収束して，次の性質が成り立つ．

3.1 関数の極限値の性質

$\lim_{x \to a} f(x) = \alpha,\ \lim_{x \to a} g(x) = \beta$ のとき，次のことが成り立つ.

(1) $\displaystyle \lim_{x \to a} c\,f(x) = c\alpha$ （c は定数）

(2) $\displaystyle \lim_{x \to a} \{f(x) \pm g(x)\} = \alpha \pm \beta$ （複号同順）

(3) $\displaystyle \lim_{x \to a} f(x)g(x) = \alpha\beta$

(4) $\displaystyle \lim_{x \to a} \frac{f(x)}{g(x)} = \frac{\alpha}{\beta}$ （$g(x) \neq 0,\ \beta \neq 0$）

(1), (2) は，関数の極限値も線形性をもつことを示している.

$x \to \pm\infty$ のときの極限値 　一般に，変数 x の値が限りなく大きくなることを $x \to \infty$ と表し，$x < 0$ でその絶対値が限りなく大きくなることを $x \to -\infty$ と表す.

関数 $y = f(x)$ において，$x \to \infty$ のとき $f(x)$ が限りなく一定の値 α に近づいていくならば，$f(x)$ は α に**収束する**といい，

$$\lim_{x \to \infty} f(x) = \alpha \quad \text{または} \quad f(x) \to \alpha \ (x \to \infty)$$

と表す. このとき，α を $x \to \infty$ のときの $f(x)$ の**極限値**という. $x \to -\infty$ の場合も同様である. $x \to \infty$ と $x \to -\infty$ をあわせて $x \to \pm\infty$ とかくこともある.

関数の極限値の性質 ［→定理 **3.1**］は，$x \to \pm\infty$ のときも成り立つ. これ以後，$x \to a$ は，$x \to \infty$ や $x \to -\infty$ も含むものとする.

数列の場合と同じように，分数式は，その分子が一定の範囲内の値をとり，分母の絶対値が限りなく大きくなるとき，その分数式の値は限りなく 0 に近づく.

例 3.5

$$\lim_{x \to \infty} \frac{4x - 1}{3x - 3} = \lim_{x \to \infty} \frac{4 - \dfrac{1}{x}}{3 - \dfrac{3}{x}} = \frac{4}{3}$$

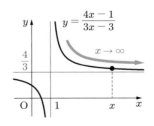

note 　例 3.5 の結果は，直線 $y = \dfrac{4}{3}$ が $y = \dfrac{4x - 1}{3x - 3}$ の漸近線であることを示している.

例題 3.2 関数の極限値

次の極限値を求めよ.

(1) $\displaystyle \lim_{x \to -\infty} \frac{5x^2 - x}{4 - 2x^2}$ (2) $\displaystyle \lim_{x \to \infty} \left(\sqrt{x^2 + 1} - x \right)$

解 (1) 分母，分子を分母の最大次数の項 x^2 で割り，$x \to -\infty$ とすれば，求める極限値は次のようになる.

$$\lim_{x \to -\infty} \frac{5x^2 - x}{4 - 2x^2} = \lim_{x \to -\infty} \frac{5 - \dfrac{1}{x}}{\dfrac{4}{x^2} - 2} = -\frac{5}{2}$$

(2) 分子に無理関数を含まない形に直す．これを分子の有理化という．有理化したあと $x \to \infty$ とすれば，求める極限値は次のようになる.

$$\begin{aligned}
\lim_{x \to \infty} \left(\sqrt{x^2 + 1} - x \right) &= \lim_{x \to \infty} \frac{\left(\sqrt{x^2 + 1} - x \right) \left(\sqrt{x^2 + 1} + x \right)}{\sqrt{x^2 + 1} + x} \\
&= \lim_{x \to \infty} \frac{(x^2 + 1) - x^2}{\sqrt{x^2 + 1} + x} \\
&= \lim_{x \to \infty} \frac{1}{\sqrt{x^2 + 1} + x} = 0
\end{aligned}$$

---

note 例題 3.2(2) と同じようにして，

$$\lim_{x \to -\infty} \left(\sqrt{x^2 + 1} + x \right) = 0$$

であることも示すことができる．これらの結果は，$x \to \pm\infty$ のとき，$y = \sqrt{x^2 + 1}$ のグラフが直線 $y = \pm x$ に限りなく近づいていくことを示す．$y = \sqrt{x^2 + 1}$ のグラフは双曲線 $x^2 - y^2 = -1$ の $y > 0$ の部分であり，直線 $y = \pm x$ は双曲線 $x^2 - y^2 = -1$ の漸近線である.

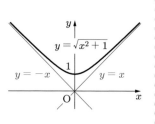

問3.6 次の極限値を求めよ.

(1) $\displaystyle \lim_{x \to \infty} \frac{3x + 5}{2x + 4}$ (2) $\displaystyle \lim_{x \to -\infty} \frac{-3x^3 - x^2 + 1}{x^3 + 5x + 4}$

(3) $\displaystyle \lim_{x \to \infty} \left(\sqrt{x + 1} - \sqrt{x} \right)$ (4) $\displaystyle \lim_{x \to \infty} \left(\sqrt{4x^2 - 9} - 2x \right)$

関数の発散　極限値 $\lim\limits_{x \to a} f(x)$ が存在しないとき，$x \to a$ のとき $f(x)$ は**発散**するという．$x \to a$ のとき，$f(x)$ の値が限りなく大きくなるならば，$f(x)$ は**正の無限大に発散する**，または ∞ **に発散する**といい，$f(x) < 0$ で $f(x)$ の絶対値が限りなく大きくなるならば，$f(x)$ は**負の無限大に発散する**，または $-\infty$ **に発散する**という．これらをそれぞれ

$$\lim_{x \to a} f(x) = \infty, \quad \lim_{x \to a} f(x) = -\infty$$

と表す．

例題 3.3　**関数の極限**────────────────────────────

次の収束・発散を調べよ．

(1) $\displaystyle\lim_{x \to \infty} (x^3 - 2x^2 - 3)$ 　　(2) $\displaystyle\lim_{x \to 0} \frac{1}{x^2}$ 　　(3) $\displaystyle\lim_{x \to \infty} \sin x$

- -

解　(1)　最高次数の項 x^3 でくくると

$$\lim_{x \to \infty} (x^3 - 2x^2 - 3) = \lim_{x \to \infty} x^3 \left(1 - \frac{2}{x} - \frac{3}{x^3}\right) = \infty$$

となるから，正の無限大に発散する．

(2)　$x \to 0$ のとき，$f(x) = \dfrac{1}{x^2}$ の分子は一定で，分母は正の値をとりながら限りなく 0 に近づく．このとき，$f(x)$ の値は限りなく大きくなるから，正の無限大に発散する．

$$\lim_{x \to 0} \frac{1}{x^2} = \infty$$

x	-0.1	-0.01	$\cdots$	0	$\cdots$	0.01	0.1
$\dfrac{1}{x^2}$	100	10000	$\cdots$		$\cdots$	10000	100

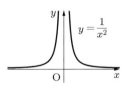

(3)　$x \to \infty$ のとき，$\sin x$ は -1 と 1 の間の値をとりながら変化し，一定の値には近づかない．したがって，$x \to \infty$ のとき $\sin x$ は発散する．

── ✦

note　関数の発散には (3) のような場合も含まれる．

問 3.7　次の収束・発散を調べ，収束するときにはその極限値を求めよ．

(1) $\displaystyle\lim_{x \to -\infty} (x^3 - 5x - 10)$ 　　　(2) $\displaystyle\lim_{x \to 1} \frac{1}{(x-1)^2}$

(3) $\displaystyle\lim_{x \to \infty} 2^{-x}$ 　　　　　　　(4) $\displaystyle\lim_{x \to \infty} \cos x$

(3.3) 関数の連続性

片側極限　　関数 $y = \dfrac{1}{x}$ のグラフは図 1 のようになる.

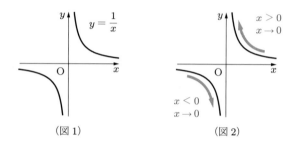

（図 1）　　　　　　　　（図 2）

グラフからわかるように，この関数は，x が限りなく 0 に近づくとき，その近づき方によって発散の仕方が異なる（図 2）. すなわち,

$$x > 0, x \to 0 \text{ のとき } \frac{1}{x} \to \infty, \quad x < 0, x \to 0 \text{ のとき } \frac{1}{x} \to -\infty$$

である. 一般に，変数 x が，$x > a$ を満たしながら限りなく a に近づくことを $x \to a+0$，$x < a$ を満たしながら限りなく a に近づくことを $x \to a-0$ と表す. $a = 0$ のときは，それぞれ $x \to +0$ および $x \to -0$ と表す.

$$x \to a-0 \qquad x \to a+0 \qquad\qquad x \to -0 \qquad x \to +0$$

$$\underrightarrow{\qquad} \underset{a}{\circ} \underleftarrow{\qquad}_{x \quad x} \qquad\qquad \underrightarrow{\qquad} \underset{0}{\circ} \underleftarrow{\qquad}_{x \quad x}$$

<u>例 3.6</u>　　$\displaystyle\lim_{x \to +0} \frac{1}{x} = \infty, \quad \lim_{x \to -0} \frac{1}{x} = -\infty$

$\displaystyle\lim_{x \to a+0} f(x) = \alpha, \ \lim_{x \to a-0} f(x) = \beta$ であるとき，α を**右側極限値**，β を**左側極限値**，α と β をあわせて**片側極限値**という. 極限値 $\displaystyle\lim_{x \to a} f(x)$ が存在するのは，2 つの片側極限値がともに存在して，それらが一致するときである.

<u>例 3.7</u>　　$\displaystyle\lim_{x \to 0} \frac{x}{|x|}$ について考える.

$f(x) = \dfrac{x}{|x|}$ とおき，$x \to +0$, $x \to -0$ の 2 つの片側極限値を求める.

$x > 0$ のときは $|x| = x$ であるから,

$$\lim_{x \to +0} f(x) = \lim_{x \to +0} \frac{x}{|x|} = \lim_{x \to +0} \frac{x}{x} = \lim_{x \to +0} 1 = 1$$

である．したがって，$f(x)$ の右側極限値は 1 である．

また，$x < 0$ のときは $|x| = -x$ であるから，

$$\lim_{x \to -0} f(x) = \lim_{x \to -0} \frac{x}{|x|} = \lim_{x \to -0} \frac{x}{-x} = \lim_{x \to -0} (-1) = -1$$

となる．したがって，$f(x)$ の左側極限値は -1 である．右側極限値と左側極限値が一致しないから，極限値 $\lim_{x \to 0} f(x)$ は存在しない．

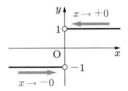

問3.8 次の収束・発散を調べ，収束するときにはその極限値を求めよ．

(1) $\displaystyle \lim_{x \to 1-0} \frac{|x-1|}{x-1}$ (2) $\displaystyle \lim_{x \to 1+0} \frac{1}{|x-1|}$ (3) $\displaystyle \lim_{x \to -1} \frac{1}{x+1}$

▶ **関数の連続性** $x > 0$ や $-1 < x \leqq 3$ のように，数直線上の連続した範囲を**区間**という．$a \leqq x \leqq b$ のように，両端を含む区間を**閉区間**といい，$[a, b]$ と表す．また，$a < x < b$ のように，両端を含まない区間を**開区間**といい，(a, b) と表す．実数全体も区間として扱い，これを $(-\infty, \infty)$ と表す．とくに範囲を限定しないで，区間 I ということもある．

$$[a, b] = \{x \mid a \leqq x \leqq b\} \qquad (a, b) = \{x \mid a < x < b\}$$

一般に，$x = a$ を含む区間で定義された関数 $y = f(x)$ が，

$$\lim_{x \to a} f(x) = f(a)$$

を満たすとき，関数 $y = f(x)$ は $x = a$ で**連続**であるという．このとき，$y = f(x)$ のグラフは $x = a$ でつながっている．

例 3.8　　関数 $f(x)$ を次のように定義する.

$$f(x) = \begin{cases} \dfrac{x^2 + x}{x} & (x \neq 0) \\ 0 & (x = 0) \end{cases}$$

このとき,

$$\lim_{x \to 0} f(x) = \lim_{x \to 0} \frac{x^2 + x}{x} = \lim_{x \to 0} (x + 1) = 1$$

となり, $x \to 0$ のときの極限値は存在するが, この値は $f(0) = 0$ とは一致しない (図 1). したがって, 関数 $y = f(x)$ は $x = 0$ で連続ではない.

　この関数の場合には, $f(0) = 1$ と定義し直すことによって, 連続な関数とすることができる (図 2).

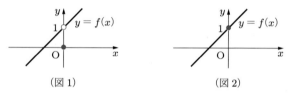

（図 1）　　　　　　　　　　　　　（図 2）

問 3.9　関数 $f(x) = \begin{cases} \dfrac{x^2 - x - 6}{x + 2} & (x \neq -2) \\ a & (x = -2) \end{cases}$ が $x = -2$ で連続になるような定数 a の

値を求めよ.

　関数 $f(x)$ が, 区間 I に含まれるすべての x で連続であるとき, $f(x)$ は区間 I で連続であるという. 定数関数 $y = c$ (c は定数), べき関数 $y = x^n$ (n は自然数), 正弦関数 $y = \sin x$, 指数関数 $y = 2^x$ などは, 実数全体で連続な関数である. また, ある区間で連続な関数の和・差・積・商で表される関数, 合成関数, 逆関数などは, その定義域で連続であることが知られている. 関数の定義域が明示されていないときは, その関数が定義できる最大の範囲を定義域として考える.

例 3.9　　$y = x, y = 2^x, y = \sin x$ は連続であるから, 次の関数も連続である.

$$y = x + 2^x, \quad y = 2^{-x} \sin x$$

また, 分数関数 $y = \dfrac{1}{x^2 - 1}$ ($x \neq \pm 1$), 無理関数 $y = \sqrt{2 - x}$ ($x \leqq 2$), $y = 2^x$ の逆関数 $y = \log_2 x$ ($x > 0$) なども連続である.

練習問題 3

[1] 次の極限値を求めよ.

(1) $\displaystyle \lim_{h \to 0} \frac{1}{h} \left(\frac{1}{4+h} - \frac{1}{4} \right)$

(2) $\displaystyle \lim_{x \to \infty} \left(\sqrt{x^2+x} - x \right)$

[2] 次の収束・発散を調べ, 収束するときにはその極限値を求めよ.

(1) $\displaystyle \lim_{x \to \infty} \frac{3x^2+x+5}{2x^2+3x+2}$

(2) $\displaystyle \lim_{x \to \infty} \frac{-2x^3+x+5}{x^2+2x+4}$

(3) $\displaystyle \lim_{x \to -\infty} \frac{x^2+3x+4}{4x^3-x^2+2x+1}$

(4) $\displaystyle \lim_{x \to \infty} \frac{2^x+3}{3^x+1}$

(5) $\displaystyle \lim_{x \to 0} \frac{x+1}{2^x}$

(6) $\displaystyle \lim_{x \to 0} \frac{x+2}{\cos x}$

[3] 次の収束・発散を調べ, 収束するときにはその極限値を求めよ.

(1) $\displaystyle \lim_{x \to -1+0} \frac{|x+1|}{x+1}$

(2) $\displaystyle \lim_{x \to -2-0} \frac{x^2+2x}{|x+2|}$

(3) $\displaystyle \lim_{x \to 2+0} \frac{1}{2-x}$

(4) $\displaystyle \lim_{x \to -1-0} \frac{x}{x^2-1}$

(5) $\displaystyle \lim_{x \to \frac{\pi}{2}-0} \tan x$

(6) $\displaystyle \lim_{x \to +0} \frac{1}{\sin x}$

[4] 実数 x に対して,

$$[x] = \lceil x \text{ を超えない最大の整数} \rfloor$$

と定める. $[x]$ を**ガウス記号**という. (1) から (3) について
はその値を求め, (4) から (6) については収束・発散を調べ,
収束するときにはその極限値を求めよ.

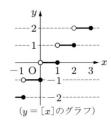

($y = [x]$ のグラフ)

(1) $[1.34]$

(2) $[0.99]$

(3) $[-1.85]$

(4) $\displaystyle \lim_{x \to 1+0} [x]$

(5) $\displaystyle \lim_{x \to 1-0} [x]$

(6) $\displaystyle \lim_{x \to 2} [x]$

[5] 次の関数がすべての実数で連続になるような定数 a の値を求めよ.

(1) $f(x) = \begin{cases} \dfrac{x^2-4}{x-2} & (x \neq 2) \\ a & (x = 2) \end{cases}$

(2) $f(x) = \begin{cases} 2^x & (x \geq 0) \\ a & (x < 0) \end{cases}$

[6] $x = a$ の近くで $g(x) \leq f(x) \leq h(x)$ であり, $\displaystyle \lim_{x \to a} g(x) = \lim_{x \to a} h(x) = \alpha$ となる
とき, $\displaystyle \lim_{x \to a} f(x) = \alpha$ が成り立つ. このことは, $x \to \pm\infty$ の場合も成り立つ. これ
を**はさみうちの原理**という. はさみうちの原理を使って次の式が成り立つことを証明
せよ.

(1) $\displaystyle \lim_{x \to 0} x^2 \sin \frac{1}{x} = 0$

(2) $\displaystyle \lim_{x \to \infty} \frac{\cos x}{x^2+1} = 0$

　　　　　　　　　　　等比数列と元利均等返済

　等比数列は思いもかけないところで活躍している．住宅ローンや奨学金の返済に
よく使われている「元利均等返済」でも，等比数列が使われている．

　元利均等返済は，毎月の返済額を一定にして返済する方法である．月利 $s\%$ で n
か月で返済する条件で S 円借りたとする．k か月目に返済する額 c 円のうち元本
の返済に a_k 円，利子の返済に b_k 円あてるとする（$a_k + b_k = c$）．c を計算してみ
よう．$r = s/100$ とおく．n か月で元本を返済するので，$\displaystyle\sum_{k=1}^{n} a_k = S$ $\cdots$① が成
り立つ．また，1 か月目に支払う利子は $b_1 = rS$ であり，k か月目に支払う利子は
$b_k = r\left(S - \displaystyle\sum_{j=1}^{k-1} a_j\right)$ である．$a_1 = c - b_1 = c - rS$ であるので，

$$b_2 = r(S - a_1) = rS - r(c - rS), \quad a_2 = c - b_2 = c - rS + r(c - rS) = (1 + r)(c - rS)$$

となる．これを使うと，

$$b_3 = r(S - a_1 - a_2) = rS - \{(1 + r)^2 - 1\}(c - rS),\ a_3 = c - b_3 = (1 + r)^2(c - rS)$$

が成り立ち，以下この計算を繰り返して，$1 \leq k \leq n$ のとき

$$b_k = rS - \{(1 + r)^{k-1} - 1\}(c - rS), \quad a_k = (1 + r)^{k-1}(c - rS)$$

であることがわかる．①と等比数列の和の公式を使うと

$$S = \sum_{k=1}^{n}(1 + r)^{k-1}(c - rS) = \frac{(1 + r)^n - 1}{(1 + r) - 1}(c - rS) \quad \text{より} \quad c = \frac{r(1 + r)^n S}{(1 + r)^n - 1}$$

から，n か月間で返済するのに必要な金額は $nc = S + \dfrac{rnS}{(1 + r)^n - 1}$ となる．

　この他に，「元本均等返済」という返済法もある．これは借りた元本 S 円を毎
月 S/n 円返済し，前月までに残ったお金の利子を合わせて返済する方法である．
上と同じ金利条件で S 円借りるとすると，この場合，k か月目に支払う利子は
$r\{S - (k - 1)S/n\} = r(n - k + 1)S/n$ 円となり，総額 $S/n + r(n + 1 - k)S/n$ 円
返済することになる．n か月までに返済のために支払う総額は，次のようになる．

$$\sum_{k=1}^{n} \frac{\{1 + r(n + 1 - k)\}S}{n} = S + \frac{r(n + 1)S}{2}$$

　$r < 1$ であるので $\dfrac{rnS}{(1 + r)^n - 1} > \dfrac{r(n + 1)S}{2}$ となり，元利均等返済のほうがたく
さん利子を払うことになるが，$c < S/n + rS$ となって初回の支払金額を少なくでき
るので，奨学金や住宅ローンの返済には元利均等返済が使われることが多い．

2

微分法

4 微分法

4.1 平均変化率と微分係数

瞬間の速さ　車が走り出してから t 時間後までの走行距離を $x(t)$ とする. このとき, $t = a$ から $t = a + h$ までの平均の速さは,

$$\text{平均の速さ} = \frac{\text{移動距離}}{\text{経過時間}} = \frac{x(a+h) - x(a)}{h}$$

である. ここで, 経過時間 h が非常に短ければ, 平均の速さは, 時刻 $t = a$ における「瞬間の速さ」といってもよいであろう. そこで, 第3節で学んだ関数の極限の考え方を用いて

$$\text{瞬間の速さ} = \lim_{h \to 0} \frac{x(a+h) - x(a)}{h}$$

と定める.

　この平均の速さや瞬間の速さの考え方を, 一般の関数 $y = f(x)$ に適用したものが, これから学ぶ関数の平均変化率や微分係数である.

平均変化率　$a, b \ (a < b)$ を定数とする. 関数 $y = f(x)$ において, x が a から b まで変化するときの x, y の変化量をそれぞれ $\Delta x, \Delta y$ とすれば, $\Delta x = b - a, \Delta y = f(b) - f(a)$ となる. このとき, Δy と Δx の比

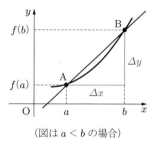

（図は $a < b$ の場合）

$$\frac{\Delta y}{\Delta x} = \frac{f(b) - f(a)}{b - a}$$

を, $x = a$ から $x = b$ までの $f(x)$ の**平均変化率**という. 平均変化率は, $y = f(x)$ のグラフ上の2点 $\mathrm{A}(a, f(a))$, $\mathrm{B}(b, f(b))$ を通る直線の傾きを表している.

とくに，$x = a$ から $x = a + h \; (h \neq 0)$ までの $f(x)$ の平均変化率は，

$$\frac{\Delta y}{\Delta x} = \frac{f(a + h) - f(a)}{h}$$

となる.

> **note**　変化量は，変化後の値と変化前の値との差 (difference) を意味する. そこで，変化量を表す記号として，D に相当するギリシャ文字の Δ（デルタ）を用いる.

例題 4.1　平均変化率 ─────────────

x が次のように変化するとき，関数 $f(x) = x^2$ の平均変化率を求めよ.

(1)　$x = -1$ から $x = 2$ まで　　　　　　(2)　$x = a$ から $x = a + h$ まで

- -

解　(1)　$\dfrac{\Delta y}{\Delta x} = \dfrac{f(2) - f(-1)}{2 - (-1)} = \dfrac{2^2 - (-1)^2}{3} = 1$

(2)　$\dfrac{\Delta y}{\Delta x} = \dfrac{f(a + h) - f(a)}{h} = \dfrac{(a + h)^2 - a^2}{h} = \dfrac{2ah + h^2}{h} = 2a + h$

問4.1　x が次のように変化するとき，関数 $f(x)$ の平均変化率を求めよ.

(1)　$f(x) = x^2 + 1,$　$x = 1$ から $x = 2$ まで

(2)　$f(x) = \dfrac{1}{x},$　$x = 2$ から $x = 2 + h$ まで

(3)　$f(x) = \sqrt{x},$　$x = a$ から $x = a + h$ まで

▌微分係数と接線の傾き　　関数 $y = f(x)$ の，$x = a$ から $x = a + h$ までの平均変化率 $\dfrac{\Delta y}{\Delta x}$ は，$y = f(x)$ のグラフ上の 2 点 A$(a, f(a))$, B$(a + h, f(a + h))$ を通る直線 ℓ' の傾きである.

　$\Delta x = h$ が限りなく 0 に近づいていくとき，直線 ℓ' が点 A を通るある直線 ℓ

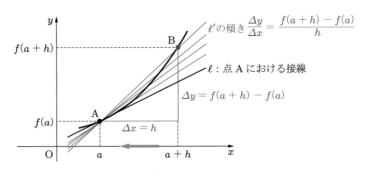

に限りなく近づいていくならば，この直線 ℓ を，点 $A(a, f(a))$ における $y = f(x)$ のグラフの**接線**といい，点 A を**接点**という．

すなわち，平均変化率 $\dfrac{\Delta y}{\Delta x}$ の，$h \to 0$ としたときの極限値が存在すれば，その極限値は点 A における接線の傾きである．

例 4.1　関数 $y = x^2$ の $x = 3$ から $x = 3 + h$ までの平均変化率の，$\Delta x = h$ を限りなく 0 に近づけたときの極限値は

$$\lim_{\Delta x \to 0} \frac{\Delta y}{\Delta x} = \lim_{h \to 0} \frac{(3+h)^2 - 3^2}{h} = \lim_{h \to 0} \frac{6h + h^2}{h} = \lim_{h \to 0}(6 + h) = 6$$

となる．したがって，$y = x^2$ のグラフ上の点 $A(3, 9)$ における接線の傾きは 6 である．

一般に，関数 $f(x)$ の，$x = a$ から $x = a + h$ までの平均変化率の極限値

$$\lim_{\Delta x \to 0} \frac{\Delta y}{\Delta x} = \lim_{h \to 0} \frac{f(a+h) - f(a)}{h}$$

が存在するとき，関数 $y = f(x)$ は $x = a$ において**微分可能**であるという．このとき，この極限値を，$x = a$ における $f(x)$ の**微分係数**といい，$f'(a)$ で表す．

4.1　微分係数

$$f'(a) = \lim_{h \to 0} \frac{f(a+h) - f(a)}{h}$$

$y = f(x)$ が $x = a$ で微分可能であるとき，微分係数 $f'(a)$ は，$y = f(x)$ のグラフ上の点 $(a, f(a))$ における接線の傾きである．

例 4.2　関数 $f(x) = 2x^2$ の $x = 3$ における微分係数は，

$$\begin{aligned}
f'(3) &= \lim_{h \to 0} \frac{f(3+h) - f(3)}{h} \\
&= \lim_{h \to 0} \frac{2(3+h)^2 - 2 \cdot 3^2}{h} \\
&= \lim_{h \to 0}(12 + 2h) = 12
\end{aligned}$$

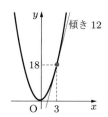

である．したがって，$y = 2x^2$ のグラフ上の $x = 3$ に対応する点における接線の傾きは 12 である．

問 4.2　次の関数 $f(x)$ の，（　）内に指定された x の値における微分係数を求めよ．
(1)　$f(x) = 2x^2 + x$　　$(x = 2)$　　　　　(2)　$f(x) = x^3$　　$(x = 1)$

▶ 微分係数と単位

数直線上を運動する点 P に対して，時刻 t [s] における点 P の位置 y [m] が $y = f(t)$ で表されているとする．時刻が $t = a$ から $t = a + h$ まで変化するとき，位置の変化量 $f(a+h) - f(a)$ [m] を点 P の**変位**という．このとき，

$$\frac{\Delta y}{\Delta t} = \frac{\text{変位 [m]}}{\text{時刻の変化 [s]}} = \frac{f(a+h) - f(a)}{h} \text{ [m/s]}$$

を**平均速度**という（図 1）．ここで，時刻の変化 $\Delta t = h$ を限りなく 0 に近づけたときの平均速度の極限は，$f(t)$ の $t = a$ における微分係数 $f'(a)$ となり，これを $t = a$ における点 P の**速度** [m/s] という（図 2）．

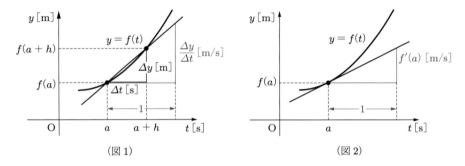

（図 1）　　　　　　　　　　　　　　　（図 2）

このように，ある現象を表す関数を $f(t)$ とすると，微分係数 $f'(a)$ の単位はもとの現象 $f(t)$ の単位とは異なり，平均変化率と同じ単位をもつ．

例 4.3　　(1)　ある容器に水を入れるとき，入れ始めてから t 秒後の水面の高さ h [m] が，関数 $h = f(t)$ で表されているとき，微分係数 $f'(10)$ は，$t = 10$ [s] において水面が上昇する速度を表している．したがって，$f'(t)$ の単位は [m/s] である．

(2)　熱せられた物体を放置するとき，その物体の温度は時間の経過とともに低下していく．放置してから t 分後の物体の温度 H [℃] が，$H = f(t)$ で表されているとき，$f'(4)$ は 4 分後における物体の温度が変化する速度を表している．したがって，$f'(t)$ の単位は [℃/分] であり，温度が低下するから，$f'(t)$ は負の値である．

▎**微分可能性と連続性**　　関数 $f(x)$ が $x = a$ で微分可能であるとき，$f(x)$ は $x = a$ で連続であることを示す．$x \neq a$ である x に対して $x - a = h$ とおくと，$x \to a$ のとき $h \to 0$ であるから，

$$\lim_{x \to a} \{f(x) - f(a)\} = \lim_{x \to a} \frac{f(x) - f(a)}{x - a} \cdot (x - a)$$
$$= \lim_{h \to 0} \frac{f(a + h) - f(a)}{h} \cdot h = f'(a) \cdot 0 = 0$$

となる．したがって，$\lim_{x \to a} f(x) = f(a)$ となるから，$f(x)$ は $x = a$ で連続である．

4.2　微分可能性と連続性

関数 $f(x)$ が $x = a$ で微分可能であれば，$f(x)$ は $x = a$ で連続である．

この逆は成り立たない．次は，連続であるが微分可能ではない関数の例である．

例 4.4　　$f(x) = |x|$ は実数全体で連続である．しかし，

$$\lim_{h \to +0} \frac{f(0 + h) - f(0)}{h} = \lim_{h \to +0} \frac{|h|}{h} = \lim_{h \to +0} \frac{h}{h} = 1,$$
$$\lim_{h \to -0} \frac{f(0 + h) - f(0)}{h} = \lim_{h \to -0} \frac{|h|}{h} = \lim_{h \to -0} \frac{-h}{h} = -1$$

となる．2 つの片側極限値が異なるから，微分係数 $\lim_{h \to 0} \dfrac{f(0 + h) - f(0)}{h}$ は存在しない．よって，$f(x) = |x|$ は $x = 0$ で微分可能ではない．このことは，原点 O において $y = |x|$ のグラフの接線が存在しないことを意味する．

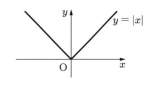

4.2　導関数

▎**導関数**　　関数 $y = f(x)$ が，ある区間 I のすべての点で微分可能であるとき，$y = f(x)$ は区間 I で微分可能であるという．このとき，区間 I のすべての点 a に対し，$x = a$ における微分係数 $f'(a)$ を対応させる関数を $f(x)$ の**導関数**といい，$f'(x)$ と表す．

4.3 $y = f(x)$ の導関数

$$f'(x) = \lim_{\Delta x \to 0} \frac{\Delta y}{\Delta x} = \lim_{h \to 0} \frac{f(x+h) - f(x)}{h}$$

$f(x)$ の導関数は，$f'(x)$ の他に

$$y', \quad \frac{dy}{dx}, \quad \frac{df}{dx}, \quad \frac{d}{dx} f(x)$$

と表すこともある．導関数を求めることを，関数 $y = f(x)$ を x で微分するという．

note　導関数の記号 $\dfrac{dy}{dx}$ は，極限値 $\lim_{\Delta x \to 0} \dfrac{\Delta y}{\Delta x}$ を表す記号であり，分数ではない．また，$\dfrac{dy}{dx}$ は「ディーワイ・ディーエックス」と読む．

例 4.5　関数 $y = x^2$ に対して，$\Delta x = h$ のとき $\Delta y = (x+h)^2 - x^2$ であるから，

$$\begin{aligned}
\lim_{\Delta x \to 0} \frac{\Delta y}{\Delta x} &= \lim_{h \to 0} \frac{(x+h)^2 - x^2}{h} \\
&= \lim_{h \to 0} \frac{(x^2 + 2xh + h^2) - x^2}{h} = \lim_{h \to 0} (2x + h) = 2x
\end{aligned}$$

となる．したがって，$y = x^2$ は微分可能であり，その導関数は $2x$ である．このことを $y' = 2x, (x^2)' = 2x, \dfrac{dy}{dx} = 2x, \dfrac{d}{dx}(x^2) = 2x$ などと表す．

問 4.3　定義にしたがって，次が成り立つことを証明せよ．
(1) $(x)' = 1$ （2） $(x^3)' = 3x^2$

導関数の公式　例 4.5 と問 4.3 の結果から，$(x)' = 1, (x^2)' = 2x, (x^3)' = 3x^2$ が成り立つ．このことから，n が自然数であるとき，$(x^n)' = nx^{n-1}$ であることが予想される．これは数学的帰納法を用いて証明することができる．

(i) $n = 1$ のときは，すでに問 4.3 (1) で示されている．(ii) ある自然数 k に対して，$\left(x^k\right)' = kx^{k-1}$ が成り立つと仮定する．そのとき，$y = x^{k+1}$ に対して，

$$\lim_{\Delta x \to 0} \frac{\Delta y}{\Delta x} = \lim_{h \to 0} \frac{(x+h)^{k+1} - x^{k+1}}{h}$$

$$= \lim_{h \to 0} \frac{(x+h) \cdot (x+h)^k - x \cdot x^k}{h}$$

$$= \lim_{h \to 0} \frac{x\left\{(x+h)^k - x^k\right\} + h(x+h)^k}{h}$$

$$= \lim_{h \to 0} \left\{ x \cdot \frac{(x+h)^k - x^k}{h} + (x+h)^k \right\}$$

$$= x \lim_{h \to 0} \frac{(x+h)^k - x^k}{h} + \lim_{h \to 0}(x+h)^k$$

$$= x(x^k)' + x^k$$

$$= x \cdot k\, x^{k-1} + x^k = (k+1)x^k = (k+1)x^{(k+1)-1}$$

となるから，$(x^{k+1})' = (k+1)x^{(k+1)-1}$ が成り立つ．これは，$n = k+1$ のときに x^n は微分可能で，$(x^n)' = nx^{n-1}$ が成り立つことを示す．よって，数学的帰納法により，すべての自然数 n に対して $(x^n)' = nx^{n-1}$ が成り立つ．

また，定数関数 $y = c$ の導関数は次のようになる．

$$(c)' = \lim_{h \to 0} \frac{c - c}{h} = 0$$

以上により，次の公式が成り立つ．

4.4　x^n の導関数 I

自然数 n と定数 c に対して，次のことが成り立つ．

$$(x^n)' = nx^{n-1}, \quad (c)' = 0$$

<u>例 4.6</u>　　$(3)' = 0, \quad \left(x^4\right)' = 4x^3, \quad \left(x^{10}\right)' = 10x^9$

さらに，次の導関数の線形性が成り立つ．

4.5　導関数の線形性

$f(x), g(x)$ が微分可能であるとき，$cf(x), f(x) \pm g(x)$ は微分可能で，次のことが成り立つ．ここで，c は定数である．

(1)　$\{cf(x)\}' = cf'(x)$

(2)　$\{f(x) \pm g(x)\}' = f'(x) \pm g'(x)$　　（複号同順）

証明 (1) $y = cf(x)$ のとき $\Delta y = cf(x+h) - cf(x)$ であるから,

$$\lim_{\Delta x \to 0} \frac{\Delta y}{\Delta x} = \lim_{h \to 0} \frac{cf(x+h) - cf(x)}{h}$$

$$= c \lim_{h \to 0} \frac{f(x+h) - f(x)}{h} = cf'(x)$$

となる. したがって, $cf(x)$ は微分可能で $\{cf(x)\}' = c\,f'(x)$ が成り立つ.

(2) $y = f(x) + g(x)$ のとき $\Delta y = \{f(x+h) + g(x+h)\} - \{f(x) + g(x)\}$ であるから,

$$\lim_{\Delta x \to 0} \frac{\Delta y}{\Delta x} = \lim_{h \to 0} \frac{\{f(x+h) + g(x+h)\} - \{f(x) + g(x)\}}{h}$$

$$= \lim_{h \to 0} \frac{f(x+h) - f(x)}{h} + \lim_{h \to 0} \frac{g(x+h) - g(x)}{h}$$

$$= f'(x) + g'(x)$$

となる. したがって, $f(x) + g(x)$ は微分可能で $\{f(x) + g(x)\}' = f'(x) + g'(x)$ が成り立つ. $\{f(x) - g(x)\}' = f'(x) - g'(x)$ も同じように証明することができる. 証明終

例 4.7 導関数の線形性を用いると, 次のように計算することができる.

(1) $(3x^2)' = 3 \cdot (x^2)' = 3 \cdot 2x = 6x$

(2) $\left(x^3 + \dfrac{1}{2}x^2 - 3x + 4\right)' = (x^3)' + \left(\dfrac{1}{2}x^2\right)' - (3x)' + (4)'$

$$= (x^3)' + \frac{1}{2} \cdot (x^2)' - 3 \cdot (x)' + (4)'$$

$$= 3x^2 + \frac{1}{2} \cdot 2x - 3 \cdot 1 + 0$$

$$= 3x^2 + x - 3$$

問 4.4 次の関数を微分せよ.

(1) $y = x^3 - 4x^2 - 3$ (2) $y = -2x^4 + 3x + 1$ (3) $y = \dfrac{x^4 - x^2 + 1}{5}$

変数が x, y 以外の場合, たとえば関数 $s = 4.9t^2 + 2t$ の場合には, その導関数を

$$\frac{ds}{dt} = (4.9t^2 + 2t)' = 4.9 \cdot 2t + 2 \cdot 1 = 9.8t + 2$$

のように表す. $\dfrac{ds}{dt}$ を求めることを, s を t で微分するという.

問 4.5 次の関数を ( ) 内に指定された変数について微分せよ.

(1) $s = -\dfrac{1}{3}t^2 + 6t$ (t) (2) $V = \pi r^2 h$ (h) (3) $V = \dfrac{4}{3}\pi r^3$ (r)

導関数と微分係数　関数 $y = f(x)$ の $x = a$ における微分係数 $f'(a)$ は，導関数 $f'(x)$ の $x = a$ における値である．微分係数は $f'(a)$ の他に

$$y'(a), \quad \frac{dy}{dx}\bigg|_{x=a}$$

などと表すこともある．

例 4.8　　関数 $f(x) = x^3 - x^2$ の導関数は $f'(x) = 3x^2 - 2x$ であるから，$x = 2$ における微分係数は，$f'(2) = 3 \cdot 2^2 - 2 \cdot 2 = 8$ である．

問 4.6　次の関数の $x = -1$ における微分係数を求めよ．

(1)　$f(x) = 3x^3 + 2x^2 + x$　　　　　　　(2)　$f(x) = -x^4 + x^3 - x^2 + 6$

接線の方程式　　微分可能な関数 $y = f(x)$ のグラフ上の点 $(a, f(a))$ における接線の傾きは，微分係数 $f'(a)$ である．したがって，次のことが成り立つ．

4.6　接線の方程式

関数 $y = f(x)$ のグラフ上の点 $(a, f(a))$ における接線の方程式は，次のようになる．

$$y = f'(a)(x - a) + f(a)$$

例 4.9　　$y = -2x^2 + 6x - 3$ のグラフの，$x = 2$ に対応する点における接線の方程式を求める．$f(x) = -2x^2 + 6x - 3$ とおく．

$$f'(x) = -4x + 6 \quad よって \quad f'(2) = -2$$

となるから，求める接線の傾きは -2 である．$f(2) = 1$ であるから，接線の方程式は

$$y = -2(x - 2) + 1 \quad よって \quad y = -2x + 5$$

である．

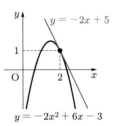

問 4.7　次の関数のグラフの，（　）内に指定された x 座標に対応する点における接線の方程式を求めよ．

(1)　$y = -x^3$　　$(x = -1)$　　　　　　(2)　$y = x^2 - 3x$　　$(x = 3)$

4.3 導関数の符号と関数の増減

導関数の符号と関数のグラフ　関数 $y = f(x)$ の導関数 $y = f'(x)$ は $y = f(x)$ のグラフの接線の傾きを表す関数である．したがって，ある区間で

- つねに $f'(x) > 0$ ならば，$y = f(x)$ はその区間で単調増加である．
- つねに $f'(x) < 0$ ならば，$y = f(x)$ はその区間で単調減少である．

また，$f'(a) = 0$ ならば，$y = f(x)$ のグラフ上の点 $(a, f(a))$ における接線は x 軸に平行である．

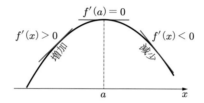

　したがって，導関数の符号によって関数の増減がわかり，その結果から関数のグラフをかくことができる．

例 4.10　$y = \dfrac{1}{2}x^2 + 4x - 1$ の増減を調べる．$y' = x + 4$ であるから，$y' = 0$ となるのは $x = -4$ のときである．さらに，

$$x < -4 \text{ のとき }\quad y' = x + 4 < 0 \quad \text{よって}\quad y \text{ は単調減少}$$
$$x > -4 \text{ のとき }\quad y' = x + 4 > 0 \quad \text{よって}\quad y \text{ は単調増加}$$

である．$x = -4$ のとき $y = -9$ であるから，関数 $y = \dfrac{1}{2}x^2 + 4x - 1$ の増減の状態は次の表のようになる．記号 ↗ は y がその区間で単調増加，↘ は y がその区間で単調減少であることを表すものとする．この表から，グラフは下図のようになる．

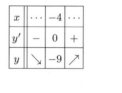

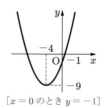

$[x = 0 \text{ のとき } y = -1]$

　この表のように，y' の符号と y の増減の状態をまとめたものを**増減表**という．

■ **関数の増減と極値** $x = a$ を含むある開区間で，関数 $y = f(x)$ が $x = a$ で最小となるとき，$f(x)$ は $x = a$ で**極小**になるといい，$f(a)$ を**極小値**という．また，$x = a$ を含むある開区間で，関数 $y = f(x)$ が $x = a$ で最大となるとき，$f(x)$ は $x = a$ で**極大**になるといい，$f(a)$ を**極大値**という．極大値と極小値をまとめて**極値**という．

微分可能な関数 $y = f(x)$ が $x = a$ において極値をとるとき，$x = a$ の近くのグラフと増減表の関係は，次のようになる．

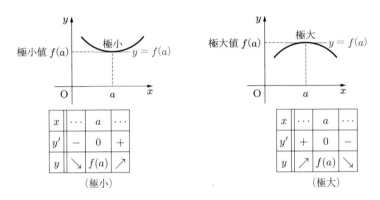

y' の符号は，極小の場合には $x = a$ の前後で負から正に，極大の場合には $x = a$ の前後で正から負に，それぞれ変化する．どちらの場合も，$x = a$ では $y' = 0$ となる．このとき，$x = a$ における $y = f(x)$ のグラフの接線は x 軸と平行になる．

4.7　極値をとるための必要条件

微分可能な関数 $y = f(x)$ が $x = a$ で極値をとるならば，$f'(a) = 0$ である．

---

note　この逆は成り立たない．たとえば，関数 $y = x^3 + 1$ は，$y' = 3x^2$ であるから $x = 0$ のとき $y' = 0$ である．極値をとるには，y' の符号が変わる必要があるが，$y = x^3 + 1$ の場合には $x > 0$ でも $x < 0$ でも $y' > 0$ となって，符号は変化しない．したがって，$y = x^3 + 1$ は $x = 0$ で極大でも極小でもない．

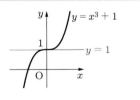

例題 4.2　関数の増減と極値

次の関数の極値を求め，そのグラフをかけ．

(1)　$y = -2x^3 + 3x^2 + 12x$ 　　　　　　　　(2)　$y = \dfrac{1}{9}x^3(x+4)$

解　(1)　$y = -2x^3 + 3x^2 + 12x$ を微分すると，

$$y' = -6x^2 + 6x + 12 = -6(x+1)(x-2)$$

となる．したがって，$y' = 0$ となるのは

$$-6(x+1)(x-2) = 0 \quad \text{よって} \quad x = -1,\, 2$$

のときであり，

$$x = -1 \text{ のとき } y = -7, \quad x = 2 \text{ のとき } y = 20$$

となる．x の範囲を $x < -1,\ -1 < x < 2,\ 2 < x$ の 3 つに分け，それぞれの区間における $y' = -6(x+1)(x-2)$ の符号を調べることによって増減表が得られ，グラフは次のようになる．

x	$\cdots$	-1	$\cdots$	2	$\cdots$
y'	$-$	0	$+$	0	$-$
y	$\searrow$	-7	$\nearrow$	20	$\searrow$

（極小）　（極大）

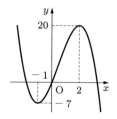

よって，$x = -1$ のとき極小値 $y = -7$，$x = 2$ のとき極大値 $y = 20$ をとる．

(2)　$y = \dfrac{1}{9}x^3(x+4) = \dfrac{1}{9}(x^4 + 4x^3)$ を微分すると，

$$y' = \dfrac{1}{9}(4x^3 + 12x^2) = \dfrac{4}{9}x^2(x+3)$$

となる．したがって，$y' = 0$ となるのは

$$\dfrac{4}{9}x^2(x+3) = 0 \quad \text{よって} \quad x = -3,\, 0 \,(2\,\text{重解})$$

のときであり，

$$x = -3 \text{ のとき } y = -3, \quad x = 0 \text{ のとき } y = 0$$

となる．$x \neq 0$ のとき $x^2 > 0$ であるから，$y' = \dfrac{4}{9}x^2(x+3)$ の符号は $x+3$ の符号と一致する．したがって，次の増減表が得られ，グラフは次のようになる．

x	$\cdots$	-3	$\cdots$	0	$\cdots$
y'	$-$	0	$+$	0	$+$
y	$\searrow$	-3	$\nearrow$	0	$\nearrow$

（極小）

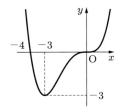

よって，$x = -3$ のとき極小値 $y = -3$ をとる．極大値はない．

極大と最大，極小と最小は一般には異なる．たとえば，例題 4.2(1) では，極大値と極小値は存在するが，最大値と最小値は存在しない．

> note　増減表を作るとき y' の符号を調べるには，不等式を解く，y' のグラフを利用する，適当な数値を代入して値の符号を調べる，などの方法がある．たとえば例題 4.2(2) の増減表では，$x = -4$, $x = -1$, $x = 1$ を y' に代入することによって，それぞれの範囲における y' の符号を調べることができる．

問4.8　次の関数の増減表を作り，極値を求めよ．また，そのグラフをかけ．

(1)　$y = -x^2 + 6x$ (2)　$y = x^3 - 3x$ (3)　$y = \dfrac{1}{8}x^4 - x^2 + 2$

(4.4) 関数の最大値・最小値

関数の最大値・最小値　関数 $y = f(x)$ の増減を調べることによって極値を求め，これによって $f(x)$ の最大値・最小値を求めることができる．定義域が閉区間に制限されているときには，極値の他に，区間の端点における値を調べる必要がある．

例題 4.3　**関数の最大値・最小値**

関数 $f(x) = -x^3 + 3x^2 + 9x - 27$ $(-4 \leq x \leq 4)$ の最大値と最小値を求めよ．

解　閉区間 $[-4, 4]$ の端点における値を調べると，

$$f(-4) = 49, \quad f(4) = -7$$

である．次に，増減を調べるために $f(x)$ を微分すると，

$$f'(x) = -3(x + 1)(x - 3)$$

となる．したがって，$f'(x) = 0$ となるのは

$$-3(x+1)(x-3) = 0 \quad \text{よって} \quad x = -1,\ 3$$

のときである．また，

$$f(-1) = -32, \quad f(3) = 0$$

であるから，増減表とグラフは次のようになる．

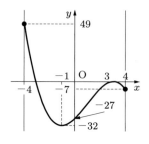

x	-4	$\cdots$	-1	$\cdots$	3	$\cdots$	4
$f'(x)$		$-$	0	$+$	0	$-$	
$f(x)$	49	$\searrow$	-32	$\nearrow$	0	$\searrow$	-7
	（最大）		（極小 最小）		（極大）		

よって，$x = -4$ のとき最大値 49，$x = -1$ のとき最小値 -32 をとる．

問4.9　次の関数 $f(x)$ の，指定された定義域における最大値と最小値を求めよ．

(1)　$f(x) = x^3 - 6x \quad (0 \leqq x \leqq 3)$ 　　　　(2)　$f(x) = x^3 - 3x^2 + 2 \quad (-2 \leqq x \leqq 3)$

例題 4.4　**箱の容積の最大値**

　1 辺の長さが 12 cm の正方形の四隅から，同じ大きさの正方形を切り取ってフタのない箱を作る．箱の容積 $V\,[\mathrm{cm}^3]$ を最大にするには，切り取る正方形の 1 辺の長さをどれだけにすればよいか．また，V の最大値を求めよ．

解　切り取る正方形の 1 辺の長さを $x\,[\mathrm{cm}]$ とし，図の斜線の部分を切り取るものとする．1 辺の長さが 12 cm であるから，$0 < x < 6$ である．

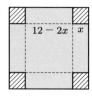

　このとき，容積 V は

$$V = x(12 - 2x)^2 = 4(x^3 - 12x^2 + 36x)$$

となる．V を x で微分すれば

$$\frac{dV}{dx} = 4(3x^2 - 24x + 36) = 12(x-2)(x-6)$$

となるから，$0 < x < 6$ の範囲では $\dfrac{dV}{dx} = 0$ となるのは $x = 2$ のときである．したがって，$0 < x < 6$ における $V = 4x(x-6)^2$ の増減表とグラフは次のようになる．

x	0	$\cdots$	2	$\cdots$	6
$\dfrac{dV}{dx}$		$+$	0	$-$	
V		$\nearrow$	128 （最大）	$\searrow$	

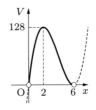

よって，容積 V を最大にするには，切り取る正方形の 1 辺の長さを $2\,\mathrm{cm}$ にすればよい．そのとき，容積 V は最大値 $128\,\mathrm{cm}^3$ をとる．

問 4.10　直径 3 の円に内接する長方形の辺の長さを x, y とするとき，$z = xy^2$ の最大値を求めよ．

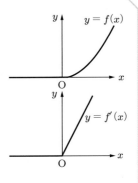

☕ コーヒーブレイク

2 回微分できない関数　微分可能な関数は何回でも微分できそうな気がするが，1 回微分すると微分可能でなくなる関数もある．たとえば，

$$f(x) = \begin{cases} 0 & (x \leqq 0) \\ x^2 & (x > 0) \end{cases}$$

とおくと，その導関数は

$$f'(x) = \begin{cases} 0 & (x \leqq 0) \\ 2x & (x > 0) \end{cases}$$

となる．関数 $y = f'(x)$ のグラフは，$x = 0$ のところで尖っていて（滑らかではなくて），接線が引けないので微分可能ではない．また，関数

$$g(x) = \begin{cases} 0 & (x \leqq 0) \\ x^3 & (x > 0) \end{cases}$$

は，2 回微分できるが，3 回目は微分できない．計算して確かめてみよう．

練習問題 4

[1] 定義にしたがって，次の関数を微分せよ．

(1) $y = x^4$ 　　　　　　　　　　(2) $y = 2x^2 + 3x + 1$

[2] 次の関数を微分せよ．

(1) $y = \dfrac{1}{3}x^3 - \dfrac{1}{2}x^2 + x$ 　(2) $y = \dfrac{x^2 + 3x + 4}{5}$ 　　(3) $y = x^3(3x + 1)$

[3] 次の関数を（　）内に指定された変数について微分せよ．

(1) $T = ks^3 + p$ 　(s) 　　　　(2) $S = \pi r^2 + 2\pi rh$ 　(h)

(3) $h = \dfrac{1}{2}gt^2 + v_0 t + h_0$ 　(t) 　　(4) $E = \dfrac{1}{2}mv^2$ 　(v)

[4] 次の関数のグラフの，（　）内の x 座標に対応する点における接線の方程式を求めよ．

(1) $y = 5x^2 - 4x + 3$ 　$(x = 0)$ 　　(2) $y = x^3 + 2x^2 + 3x + 4$ 　$(x = -1)$

[5] 関数 $y = x^2 - 2x$ のグラフについて，次の問いに答えよ．

(1) a を定数とするとき，$x = a$ に対応する点における接線の方程式を求めよ．

(2) 点 $(0, -4)$ を通る接線の方程式を求めよ．

[6] 次の関数のグラフをかけ．また，極値を求めよ．

(1) $y = \dfrac{1}{2}x(x + 3)^2$ 　　　　　　(2) $y = -x^4 + 4x^3 - 10$

[7] 次の関数の，（　）内に指定された定義域における最大値と最小値を求めよ．

(1) $y = 3x^2 - 4x - 5$ 　$(-2 \leqq x \leqq 2)$

(2) $y = x^3 - 3x^2 + 5$ 　$(-1 \leqq x \leqq 3)$

(3) $y = x^3 - 3x^2 + 3x$ 　$(-2 \leqq x \leqq 2)$

(4) $y = 3x^4 - 8x^3 - 18x^2$ 　$(-1 \leqq x \leqq 1)$

[8] 図のように，底面の半径が $30\,\text{cm}$，高さが $60\,\text{cm}$ の直円錐の中に，底面の半径が $r\,[\text{cm}]$ の円柱が内接している．このとき，円柱の体積 $V\,[\text{cm}^3]$ を最大にするためには半径 r をどれだけにすればよいか．また，V の最大値を求めよ．

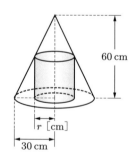

5　　いろいろな関数の導関数

5.1　分数関数と無理関数の導関数

分数関数と無理関数の導関数　　関数 $y = f(x)$ の，x の変化量 $\Delta x = h$ に対する y の変化量を $\Delta y = f(x+h) - f(x)$ とする.

分数関数 $y = \dfrac{1}{x}$ の導関数を求める. $\Delta y = \dfrac{1}{x+h} - \dfrac{1}{x}$ であるから

$$\lim_{\Delta x \to 0} \frac{\Delta y}{\Delta x} = \lim_{h \to 0} \frac{1}{h} \left(\frac{1}{x+h} - \frac{1}{x} \right) \quad \text{[通分する]}$$

$$= \lim_{h \to 0} \frac{1}{h} \cdot \frac{x - (x+h)}{x(x+h)} = -\lim_{h \to 0} \frac{\cancel{h}}{\cancel{h}x(x+h)} = -\frac{1}{x^2}$$

となる. したがって，$y = \dfrac{1}{x}$ は微分可能で，$\left(\dfrac{1}{x} \right)' = -\dfrac{1}{x^2}$ が成り立つ.

次に，無理関数 $y = \sqrt{x}$ の導関数を求める. $\Delta y = \sqrt{x+h} - \sqrt{x}$ であるから

$$\lim_{\Delta x \to 0} \frac{\Delta y}{\Delta x} = \lim_{h \to 0} \frac{\sqrt{x+h} - \sqrt{x}}{h} \quad \text{[分子の有理化を行う]}$$

$$= \lim_{h \to 0} \frac{x + h - x}{h \left(\sqrt{x+h} + \sqrt{x} \right)}$$

$$= \lim_{h \to 0} \frac{\cancel{h}}{\cancel{h} \left(\sqrt{x+h} + \sqrt{x} \right)} = \frac{1}{2\sqrt{x}}$$

となる. したがって，$y = \sqrt{x}$ は微分可能で，$\left(\sqrt{x} \right)' = \dfrac{1}{2\sqrt{x}}$ である.

5.1　分数関数と無理関数の導関数

$$\left(\frac{1}{x} \right)' = -\frac{1}{x^2}, \quad \left(\sqrt{x} \right)' = \frac{1}{2\sqrt{x}}$$

例 5.1　　(1)　$\left(3x^2 + \dfrac{2}{5x} \right)' = 3 \left(x^2 \right)' + \dfrac{2}{5} \left(\dfrac{1}{x} \right)'$

$$= 3 \cdot 2x + \frac{2}{5} \left(-\frac{1}{x^2} \right) = 6x - \frac{2}{5x^2}$$

(2)　$\left(1 + 2\sqrt{x} \right)' = 0 + 2 \left(\sqrt{x} \right)' = \dfrac{1}{\sqrt{x}}$

問 5.1　次の関数を微分せよ.

(1)　$y = 5x + \dfrac{3}{x}$

(2)　$y = \dfrac{2}{x} - 3\sqrt{x}$

5.2　関数の積と商の導関数

関数の積の導関数　　関数 $f(x)$, $g(x)$ が微分可能であるとき, $y = f(x)g(x)$ の導関数を求める. 微分可能な関数は連続であるから [→定理 **4.2**], $g(x)$ は連続であり, したがって, $\lim\limits_{h \to 0} g(x + h) = g(x)$ が成り立つことに注意しておく. $\Delta y = f(x + h)g(x + h) - f(x)g(x)$ であるから,

$$
\begin{aligned}
\lim_{\Delta x \to 0} \frac{\Delta y}{\Delta x} &= \lim_{h \to 0} \frac{f(x + h)g(x + h) - f(x)g(x)}{h} \\
&= \lim_{h \to 0} \frac{f(x + h)g(x + h) - f(x)g(x + h) + f(x)g(x + h) - f(x)g(x)}{h} \\
&= \lim_{h \to 0} \left\{ \frac{f(x + h) - f(x)}{h} \cdot g(x + h) + f(x) \cdot \frac{g(x + h) - g(x)}{h} \right\} \\
&= f'(x)g(x) + f(x)g'(x) \quad [\text{極限値の線形性を用いた}]
\end{aligned}
$$

となる. したがって, $y = f(x)g(x)$ は微分可能で, その導関数は次のようになる.

5.2　関数の積の導関数

関数 $f(x)$, $g(x)$ が微分可能であるとき, 積 $f(x)g(x)$ は微分可能で, その導関数は次のようになる.

$$
\{f(x)g(x)\}' = f'(x)g(x) + f(x)g'(x)
$$

例 5.2　　(1)　$\{(x^2 - 1)(2x^2 + x - 3)\}'$

$$
\begin{aligned}
&= (x^2 - 1)'(2x^2 + x - 3) + (x^2 - 1)(2x^2 + x - 3)' \\
&= 2x(2x^2 + x - 3) + (x^2 - 1)(4x + 1) \\
&= 8x^3 + 3x^2 - 10x - 1
\end{aligned}
$$

(2)　$\{(2x + 3)\sqrt{x}\}' = (2x + 3)'\sqrt{x} + (2x + 3)(\sqrt{x})'$

$$
= 2\sqrt{x} + (2x + 3)\frac{1}{2\sqrt{x}} = \frac{6x + 3}{2\sqrt{x}}
$$

問 5.2　次の関数を微分せよ.

(1)　$y = (x^2 - 5)(x^2 - x + 4)$　　　　(2)　$y = (3x + 1)\sqrt{x}$

関数の商の導関数　関数 $g(x)$ $(g(x) \neq 0)$ が微分可能であるとき, $y = \dfrac{1}{g(x)}$ の導関数を求める. $\Delta y = \dfrac{1}{g(x+h)} - \dfrac{1}{g(x)}$ であるから

$$\lim_{\Delta x \to 0} \frac{\Delta y}{\Delta x} = \lim_{h \to 0} \frac{1}{h}\left(\frac{1}{g(x+h)} - \frac{1}{g(x)} \right) \quad [\text{通分する}]$$

$$= \lim_{h \to 0} \frac{1}{h} \cdot \frac{g(x) - g(x+h)}{g(x+h)g(x)}$$

$$= -\lim_{h \to 0} \frac{g(x+h) - g(x)}{h} \cdot \frac{1}{g(x+h)g(x)} = -\frac{g'(x)}{\{g(x)\}^2}$$

となる. したがって, $y = \dfrac{1}{g(x)}$ は微分可能で, $\left\{ \dfrac{1}{g(x)} \right\}' = -\dfrac{g'(x)}{\{g(x)\}^2}$ が成り立つ. さらに, $f(x)$ が微分可能のとき, 定理 **5.2** によって $y = f(x) \cdot \dfrac{1}{g(x)}$ は微分可能で,

$$\left\{ f(x) \cdot \frac{1}{g(x)} \right\}' = f'(x) \cdot \frac{1}{g(x)} + f(x) \cdot \left\{ -\frac{g'(x)}{\{g(x)\}^2} \right\}$$

$$= \frac{f'(x)g(x) - f(x)g'(x)}{\{g(x)\}^2}$$

となるから, 次の公式が成り立つ.

5.3　関数の商の導関数

関数 $f(x), g(x)$ $(g(x) \neq 0)$ が微分可能であるとき, それらの商は微分可能で, その導関数は次のようになる.

$$\left\{ \frac{f(x)}{g(x)} \right\}' = \frac{f'(x)g(x) - f(x)g'(x)}{\{g(x)\}^2} \quad \text{とくに} \quad \left\{ \frac{1}{g(x)} \right\}' = -\frac{g'(x)}{\{g(x)\}^2}$$

例 5.3 (1) $\left(\dfrac{1}{2x-5}\right)' = -\dfrac{(2x-5)'}{(2x-5)^2} = -\dfrac{2}{(2x-5)^2}$

(2) $\left(\dfrac{3x-2}{2x^2+1}\right)' = \dfrac{(3x-2)'(2x^2+1) - (3x-2)(2x^2+1)'}{(2x^2+1)^2}$

$= \dfrac{3(2x^2+1) - (3x-2)\cdot 4x}{(2x^2+1)^2} = \dfrac{-6x^2+8x+3}{(2x^2+1)^2}$

問 5.3 次の関数を微分せよ.

(1) $y = \dfrac{1}{5x+4}$ (2) $y = \dfrac{3}{x^2-1}$

(3) $y = \dfrac{3x}{x^2+7}$ (4) $y = \dfrac{x^2-3}{x^2+x+1}$

導関数の公式の拡張　n が負の整数のとき $n = -m \ (m>0)$ とおくと，関数の商の導関数の公式から，

$$(x^n)' = (x^{-m})' = \left(\dfrac{1}{x^m}\right)' = -\dfrac{(x^m)'}{(x^m)^2} = -\dfrac{mx^{m-1}}{x^{2m}} = -mx^{-m-1} = nx^{n-1}$$

となる．また，$(x^0)' = (1)' = 0 = 0\cdot x^{0-1}$ である．したがって，公式

$$(x^n)' = nx^{n-1}$$

は，任意の整数 n に対して成り立つ.

5.4 x^n の導関数 II

任意の整数 n に対して，次の式が成り立つ.
$$(x^n)' = nx^{n-1}$$

例 5.4 $\left(\dfrac{1}{x^2}\right)' = (x^{-2})' = -2x^{-3} = -\dfrac{2}{x^3}$

問 5.4 次の関数を微分せよ.

(1) $y = \dfrac{1}{x^3}$ (2) $y = \dfrac{1}{2x^4}$

5.3 合成関数と逆関数の微分法

合成関数の微分法　$y = f(u), u = g(x)$ はともに微分可能な関数であるとする．このとき，合成関数 $y = f(g(x))$ の導関数を求める．

x が Δx だけ変化するときの $u = g(x)$ の変化量を Δu, $y = f(u)$ の変化量を Δy とする．微分可能なら連続であるから，$\Delta x \to 0$ とすれば $\Delta u \to 0$, $\Delta y \to 0$ であり，$\Delta u \neq 0$ ならば

$$\lim_{\Delta x \to 0} \frac{\Delta y}{\Delta x} = \lim_{\Delta x \to 0} \frac{\Delta y}{\Delta u} \cdot \frac{\Delta u}{\Delta x} = \lim_{\Delta u \to 0} \frac{\Delta y}{\Delta u} \cdot \lim_{\Delta x \to 0} \frac{\Delta u}{\Delta x} = \frac{dy}{du} \frac{du}{dx}$$

が成り立つ．このことは，$\Delta u = 0$ となる場合についても証明することができる．

最後の式は $f'(g(x))g'(x)$ と書き直すことができるから，合成関数 $y = f(g(x))$ の導関数について，次のことが成り立つ．

5.5　合成関数の微分法

関数 $y = f(u), u = g(x)$ が微分可能であるとき，その合成関数 $y = f(g(x))$ は微分可能で，その導関数は次のようになる．

$$\frac{dy}{dx} = \frac{dy}{du} \frac{du}{dx} \quad \text{または} \quad \{f(g(x))\}' = f'(g(x))g'(x)$$

例題 5.1　合成関数の微分法 ────────────

次の関数を微分せよ．

(1)　$y = (2x - 7)^5$ 　　　　　　　　　(2)　$y = \sqrt{x^2 + 3x + 5}$

解　(1)　関数 $y = (2x - 7)^5$ は，$y = u^5$ と $u = 2x - 7$ の合成関数である．したがって，導関数は次のようになる．

$$\frac{dy}{dx} = \frac{dy}{du} \frac{du}{dx}$$
$$= \frac{d}{du}(u^5) \cdot \frac{d}{dx}(2x - 7) = 5u^4 \cdot 2 = 10(2x - 7)^4$$

(2)　関数 $y = \sqrt{x^2 + 3x + 5}$ は，$y = \sqrt{u}$ と $u = x^2 + 3x + 5$ の合成関数である．したがって，導関数は次のようになる．

$$\frac{dy}{dx} = \frac{dy}{du} \frac{du}{dx} = \frac{d}{du}\left(\sqrt{u}\right) \cdot \frac{d}{dx}(x^2 + 3x + 5)$$

$$= \frac{1}{2\sqrt{u}} \cdot (2x+3) = \frac{2x+3}{2\sqrt{x^2+3x+5}}$$

---

note $\{f(g(x))\}' = f'(g(x)) \cdot g'(x)$ を用いると，置き換えることなしに，次のように計算できる．

(1) $y' = \left\{ (2x-7)^5 \right\}'$

$\quad = 5(2x-7)^4 \cdot (2x-7)' = 5(2x-7)^4 \cdot 2 = 10(2x-7)^4$

(2) $y' = \left(\sqrt{x^2+3x+5} \right)'$

$\quad = \frac{1}{2\sqrt{x^2+3x+5}} \cdot (x^2+3x+5)' = \frac{2x+3}{2\sqrt{x^2+3x+5}}$

問5.5 次の関数を微分せよ．

(1) $y = (3x-1)^5$ (2) $y = 3(x^2+5)^4$ (3) $y = 5\sqrt{x^2+1}$

▎**逆関数の微分法** 関数 $y = f(x)$ が単調増加または単調減少である区間について，その逆関数を $x = f^{-1}(y)$ とする．$x = f^{-1}(y)$ が微分可能であるとき，$y = f(x)$ の導関数を求める．

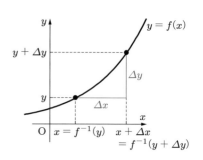

x が Δx だけ変化するときの y の変化量を Δy とすれば，$\Delta x \to 0$ のとき $\Delta y \to 0$ である．よって，

$$\frac{dy}{dx} = \lim_{\Delta x \to 0} \frac{\Delta y}{\Delta x} = \lim_{\Delta y \to 0} \frac{1}{\dfrac{\Delta x}{\Delta y}} = \frac{1}{\dfrac{dx}{dy}}$$

となる．したがって，次のことが成り立つ．

5.6 逆関数の微分法

関数 $y = f(x)$ の逆関数 $x = f^{-1}(y)$ が微分可能であるとき，もとの関数 $y = f(x)$ も微分可能で，その導関数は次のようになる．

$$\frac{dy}{dx} = \frac{1}{\dfrac{dx}{dy}}$$

n を自然数とするとき, $y = \sqrt[n]{x} = x^{\frac{1}{n}}\ (x > 0)$ の導関数を求める. $y = x^{\frac{1}{n}}$ の逆関数は $x = y^n$ であり, $\dfrac{dx}{dy} = ny^{n-1}$ が成り立つ. したがって,

$$\frac{dy}{dx} = \frac{1}{\dfrac{dx}{dy}} = \frac{1}{ny^{n-1}} = \frac{1}{n}y^{1-n} = \frac{1}{n}\left(x^{\frac{1}{n}}\right)^{1-n} = \frac{1}{n}x^{\frac{1}{n}-1}$$

となる. よって, $x > 0$ のとき, 任意の自然数 n について, 次が成り立つ.

$$\left(x^{\frac{1}{n}}\right)' = \frac{1}{n}x^{\frac{1}{n}-1}$$

<u>例 5.5</u>　(1)　$\left(\sqrt[3]{x}\right)' = \left(x^{\frac{1}{3}}\right)' = \dfrac{1}{3}x^{\frac{1}{3}-1} = \dfrac{1}{3\sqrt[3]{x^2}}$

(2)　$\left((x^2+1)\sqrt[3]{x}\right)' = (x^2+1)'\sqrt[3]{x} + (x^2+1)\left(\sqrt[3]{x}\right)'$　　[(1) の結果を使う]

$$= 2x\sqrt[3]{x} + (x^2+1)\frac{1}{3\sqrt[3]{x^2}} = \frac{7x^2+1}{3\sqrt[3]{x^2}}$$

(3)　$\left(\sqrt[3]{x^2+1}\right)' = \left((x^2+1)^{\frac{1}{3}}\right)'$　　[合成関数の微分法を使う]

$$= \frac{1}{3}\left(x^2+1\right)^{\frac{1}{3}-1}(x^2+1)' = \frac{2x}{3\sqrt[3]{(x^2+1)^2}}$$

問 5.6　次の関数を微分せよ.

(1)　$y = \sqrt[4]{x}$　　(2)　$y = \sqrt[6]{3x+2}$　　(3)　$y = (x-1)\sqrt[5]{x}$　　(4)　$y = \dfrac{x-1}{\sqrt{x}}$

(5.4) 対数関数の導関数

▶ **対数関数の導関数**　対数の性質を利用して, 対数関数 $y = \log_a x\,(a > 0,\ a \neq 1)$ の導関数を求める. x の変化量 Δx に対する y の変化量を Δy とすれば,

$$\lim_{\Delta x \to 0} \frac{\Delta y}{\Delta x} = \lim_{h \to 0} \frac{\log_a(x+h) - \log_a x}{h}$$

$$= \lim_{h \to 0} \frac{1}{h} \log_a \frac{x+h}{x}$$

$$= \lim_{h \to 0} \frac{1}{x} \cdot \frac{x}{h} \cdot \log_a \left(1 + \frac{h}{x}\right)$$

$$= \frac{1}{x} \lim_{h \to 0} \log_a \left(1 + \frac{h}{x}\right)^{\frac{x}{h}} \quad \cdots ①$$

$\log_a(x+h)$
$\log_a x$

$y = \log_a x$
（図は $a > 1$ のとき）

である. ここで, $\dfrac{x}{h} = t$ とおく. $x > 0$ であるから, $h \to +0$ のとき $t \to \infty$, $h \to -0$ のとき $t \to -\infty$ となる. そこで, 極限値

$$\lim_{h\to+0}\left(1+\frac{h}{x}\right)^{\frac{x}{h}}=\lim_{t\to\infty}\left(1+\frac{1}{t}\right)^{t},\quad \lim_{h\to-0}\left(1+\frac{h}{x}\right)^{\frac{x}{h}}=\lim_{t\to-\infty}\left(1+\frac{1}{t}\right)^{t}$$

を調べるために, $\left(1+\dfrac{1}{t}\right)^{t}$ にいくつかの値を代入してみると, 次の表のようになる.

t	$\left(1+\dfrac{1}{t}\right)^{t}$	t	$\left(1+\dfrac{1}{t}\right)^{t}$
10	$2.5937424\cdots$	-10	$2.8679719\cdots$
100	$2.7048138\cdots$	-100	$2.7319990\cdots$
1000	$2.7169239\cdots$	-1000	$2.7196422\cdots$
10000	$2.7181459\cdots$	-10000	$2.7184177\cdots$
100000	$2.7182682\cdots$	-100000	$2.7182954\cdots$
1000000	$2.7182804\cdots$	-1000000	$2.7182831\cdots$
$\vdots$	$\vdots$	$\vdots$	$\vdots$

この表から, t の絶対値が限りなく大きくなるとき, $\left(1+\dfrac{1}{t}\right)^{t}$ の値は一定の値に近づいていると予想される. 実際, $t\to\pm\infty$ のとき $\left(1+\dfrac{1}{t}\right)^{t}$ は同じ数に収束することが知られている. この極限値を e と表すと,

$$e=2.71828\cdots$$

である. この e を**自然対数の底**という. e は無理数であることが知られている.

5.7　自然対数の底 e

$$e=\lim_{t\to\pm\infty}\left(1+\frac{1}{t}\right)^{t}=2.71828\cdots$$

したがって, 前ページの ① から

$$\lim_{\Delta x\to0}\frac{\Delta y}{\Delta x}=\frac{1}{x}\lim_{h\to\pm0}\log_{a}\left(1+\frac{h}{x}\right)^{\frac{x}{h}}=\frac{1}{x}\lim_{t\to\pm\infty}\log_{a}\left(1+\frac{1}{t}\right)^{t}=\frac{1}{x}\log_{a}e$$

となり, 対数関数 $y=\log_{a}x$ は微分可能で $(\log_{a}x)'=\dfrac{1}{x}\log_{a}e$ である. ここで, 底 a が e であれば $\log_{a}e=\log_{e}e=1$ となるから

$$(\log_{e}x)'=\frac{1}{x}$$

が成り立つ. e を底とする対数を**自然対数**といい, 今後は底 e を省略して単に $\log x$ と表す. すると, $\log x$ の導関数について, 次の公式が成り立つ.

5.8　対数関数の導関数

$$(\log x)' = \frac{1}{x}$$

また，底の変換公式 $\log_a x = \dfrac{\log x}{\log a}$ を用いると，a を底とする対数関数 $y = \log_a x$ の導関数は，次のようになる．

$$(\log_a x)' = \left(\frac{\log x}{\log a}\right)' = \frac{1}{\log a}(\log x)' = \frac{1}{\log a} \cdot \frac{1}{x} = \frac{1}{x \log a}$$

例 5.6　　$(\log_2 x)' = \dfrac{1}{x \log 2}$

note　　微分積分で対数を扱うときは，e を底にするともっとも扱いやすい．工学などでは，log は 10 を底とする常用対数を表し，自然対数は ln で表すことが多い．関数電卓もそのような表記になっている．

例題 5.2　対数関数の導関数の公式

次の式が成り立つことを証明せよ．

(1)　$(\log |x|)' = \dfrac{1}{x}$ 　　　　　　　　(2)　$\{\log |f(x)|\}' = \dfrac{f'(x)}{f(x)}$

証明　　(1) $x > 0$ のときはすでに示されているから，$x < 0$ のときに公式が成り立つことを示せばよい．$x < 0$ のとき $|x| = -x$ である．関数 $y = \log(-x)$ は，$y = \log u$ と $u = -x$ の合成関数であるから，合成関数の微分法により，

$$\frac{dy}{dx} = \frac{dy}{du}\frac{du}{dx}$$
$$= \frac{d}{du}\log u \cdot \frac{d}{dx}(-x) = \frac{1}{u} \cdot (-1) = \frac{1}{-x} \cdot (-1) = \frac{1}{x}$$

となる．したがって，$(\log |x|)' = \dfrac{1}{x}$ である．

(2) 関数 $y = \log |f(x)|$ は，$y = \log |u|$ と $u = f(x)$ の合成関数であるから，

$$\frac{dy}{dx} = \frac{d}{du}\log |u| \cdot \frac{d}{dx}f(x) = \frac{1}{u} \cdot f'(x) = \frac{f'(x)}{f(x)}$$

となる．したがって，$\{\log |f(x)|\}' = \dfrac{f'(x)}{f(x)}$ である．　　　　証明終

例 5.7　対数関数の導関数の公式を用いて微分する.

(1)　$(\log|2x-3|)' = \dfrac{(2x-3)'}{2x-3} = \dfrac{2}{2x-3}$

(2)　$\left(\log\left|\dfrac{x-1}{x+1}\right|\right)' = (\log|x-1| - \log|x+1|)' \quad \left[\log\dfrac{A}{B} = \log A - \log B\right]$

$\qquad\qquad\qquad\quad = \dfrac{1}{x-1} - \dfrac{1}{x+1} = \dfrac{2}{(x-1)(x+1)}$

(3)　$(x\log x)' = (x)' \cdot \log x + x \cdot (\log x)' = 1 \cdot \log x + x \cdot \dfrac{1}{x} = \log x + 1$

問 5.7　次の関数を微分せよ.

(1)　$y = \log(1+x^2)$ 　　　　(2)　$y = \log|x^2-4|$ 　　　　(3)　$y = \log\left|\dfrac{2x+5}{x+3}\right|$

(4)　$y = x^2\log x$ 　　　　(5)　$y = \dfrac{\log x}{x}$ 　　　　(6)　$y = (\log x)^3$

■ 対数微分法　　対数関数の微分法を利用して，x^α （$x>0$, α は実数）の導関数を求める. 対数の性質から，

$$\log x^\alpha = \alpha\log x$$

が成り立つ. この両辺を x で微分すると，

$$\frac{(x^\alpha)'}{x^\alpha} = \alpha \cdot \frac{1}{x} \quad \text{よって} \quad (x^\alpha)' = \frac{\alpha x^\alpha}{x} = \alpha x^{\alpha-1}$$

となる. したがって，次のことが成り立つ.

5.9　x^α の導関数

任意の実数 α に対して，次の式が成り立つ.

$$(x^\alpha)' = \alpha x^{\alpha-1} \quad (x>0)$$

　上で行ったように，自然対数をとって与えられた関数の導関数を求める方法を，**対数微分法**という.

例 5.8　x^α の形に直して導関数を求める.

(1)　$\left(\sqrt{x^3}\right)' = \left(x^{\frac{3}{2}}\right)' = \dfrac{3}{2}x^{\frac{1}{2}} = \dfrac{3}{2}\sqrt{x}$

(2)　$\left(\dfrac{\sqrt[3]{x^2}}{x^2}\right)' = \left(x^{-\frac{4}{3}}\right)' = -\dfrac{4}{3}x^{-\frac{7}{3}} = -\dfrac{4}{3\sqrt[3]{x^7}}$

5.5 指数関数の導関数

指数関数の導関数　　指数関数 e^x の導関数を求める．$y = e^x$ のとき $x = \log y$ である．これを y で微分すると $\dfrac{dx}{dy} = \dfrac{1}{y} = \dfrac{1}{e^x}$ であるから，逆関数の微分法によって

$$(e^x)' = \frac{dy}{dx} = \frac{1}{\dfrac{dx}{dy}} = \frac{1}{\dfrac{1}{e^x}} = e^x$$

が成り立つ．

5.10　指数関数 e^x の導関数

$$(e^x)' = e^x$$

---

note　　$y = e^x$ のとき，$y' = e^x$ であるから，指数関数 $y = e^x$ のグラフ上の点 $(0, 1)$ における接線の傾きは 1 である．この接線の傾きは $x = 0$ における微分係数であるから，極限値を用いて表すと，次のようになる．

$$\lim_{h \to 0} \frac{e^h - 1}{h} = 1$$

自然対数の底 e を，この式を満たす値として定義する方法もある．

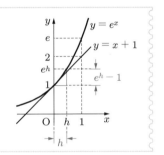

例題 5.3　　指数関数の導関数

次の関数を微分せよ．

(1)　$y = e^{2x-1}$ 　　　　　　　　　　　　(2)　$y = xe^{-x}$

解　(1)　$y = e^{2x-1}$ は，$y = e^u$ と $u = 2x - 1$ の合成関数であるから，

$$y' = \left(e^{2x-1}\right)' = \frac{d}{du}(e^u) \cdot \frac{d}{dx}(2x - 1) = e^u \cdot 2 = 2e^{2x-1}$$

となる．

(2)　$\left(e^{-x}\right)' = e^{-x}(-x)' = -e^{-x}$ であるから，関数の積の導関数の公式により，

$$y' = (x)'e^{-x} + x\left(e^{-x}\right)' = e^{-x} + x\left(-e^{-x}\right) = (1 - x)e^{-x}$$

となる．

問 5.8 次の関数を微分せよ.

(1) $y = e^{3x+2}$ (2) $y = (1 - e^x)^3$ (3) $y = \dfrac{e^x}{1 + e^x}$

(4) $y = (x^2 + 2)e^{-x}$ (5) $y = \sqrt{1 + e^{-2x}}$ (6) $y = \log\left(e^x + e^{-x}\right)$

問 5.9 a が正の定数のとき, $(a^x)' = a^x \log a$ であることを証明せよ.

5.6 三角関数の導関数

正弦関数の極限と三角関数の導関数   本書で三角関数を扱うとき, 角の単位はすべて弧度法を用いる.

関数 $y = \sin x$ の導関数を求める. 三角関数の差を積に直す公式

$$\sin A - \sin B = 2 \cos \frac{A + B}{2} \sin \frac{A - B}{2}$$

を用いると,

$$
\begin{aligned}
\lim_{\Delta x \to 0} \frac{\Delta y}{\Delta x} &= \lim_{h \to 0} \frac{\sin(x + h) - \sin x}{h} \\
&= \lim_{h \to 0} \frac{2 \cos \left(x + \dfrac{h}{2}\right) \sin \dfrac{h}{2}}{h} \\
&= \lim_{h \to 0} \cos \left(x + \frac{h}{2}\right) \cdot \frac{\sin \dfrac{h}{2}}{\dfrac{h}{2}} \qquad \left[\text{ここで } \frac{h}{2} = \theta \text{ とおく}\right] \\
&= \lim_{\theta \to 0} \cos(x + \theta) \cdot \frac{\sin \theta}{\theta} \quad \cdots \text{①} \qquad \left[h \to 0 \text{ のとき } \theta \to 0\right]
\end{aligned}
$$

となる. そこで, 極限値

$$\lim_{\theta \to 0} \frac{\sin \theta}{\theta}$$

を調べるために, いくつかの θ の値に対して $\dfrac{\sin \theta}{\theta}$ の値を調べると, 次の表のようになる.

θ	$\dfrac{\sin\theta}{\theta}$	θ	$\dfrac{\sin\theta}{\theta}$
1	$0.84147098\cdots$	-1	$0.84147098\cdots$
0.1	$0.99833416\cdots$	-0.1	$0.99833416\cdots$
0.01	$0.99998333\cdots$	-0.01	$0.99998333\cdots$
0.001	$0.99999983\cdots$	-0.001	$0.99999983\cdots$
$\vdots$	$\vdots$	$\vdots$	$\vdots$

この表から，$\theta \to 0$ のとき $\dfrac{\sin\theta}{\theta}$ は 1 に収束することが予想される．実際，次の公式が成り立つ．証明は付録の 定理 **A1.1** を参照のこと．

5.11　正弦関数の極限値

$$\lim_{\theta \to 0} \frac{\sin\theta}{\theta} = 1$$

極限値 $\displaystyle\lim_{\theta \to 0} \frac{\sin\theta}{\theta} = 1$ を用いると，$\sin x$ の導関数は前ページの ① から

$$\lim_{\Delta x \to 0} \frac{\Delta y}{\Delta x} = \lim_{\theta \to 0} \cos(x + \theta) \cdot \frac{\sin\theta}{\theta} = \cos x$$

であることがわかる．したがって，$\sin x$ は微分可能で $(\sin x)' = \cos x$ である．

---

note　　$\displaystyle\lim_{\theta \to 0} \frac{\sin\theta}{\theta} = 1$ は，θ が 0 に近いとき，近似式

$\sin\theta \fallingdotseq \theta$ が成り立つことを示している（図 1）.

　図 2 は $y = x$ と $y = \sin x$ のグラフであり，図 3 は図 2 の原点のまわりを拡大したものである．この図から，θ の値が 0 に近いほど，2 つのグラフが近接していることがわかる．

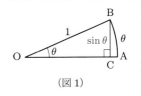

（図 1）

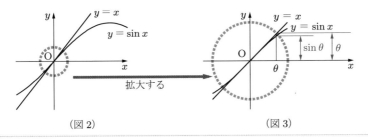

（図 2）　　　　　　　　　　（図 3）

三角関数の性質 $\sin\left(\dfrac{\pi}{2}-x\right)=\cos x,\ \cos\left(\dfrac{\pi}{2}-x\right)=\sin x$ を用いると，合成関数の導関数の公式から，

$$
\begin{aligned}
(\cos x)' &= \left\{\sin\left(\frac{\pi}{2}-x\right)\right\}' \\
&= \cos\left(\frac{\pi}{2}-x\right)\cdot\left(\frac{\pi}{2}-x\right)' = -\sin x
\end{aligned}
$$

が成り立つ.

さらに，$\tan x=\dfrac{\sin x}{\cos x}$ であるから，関数の商の導関数の公式から，

$$
\begin{aligned}
(\tan x)' &= \left(\frac{\sin x}{\cos x}\right)' \\
&= \frac{(\sin x)'\cdot\cos x - \sin x\cdot(\cos x)'}{\cos^2 x} \\
&= \frac{\cos^2 x + \sin^2 x}{\cos^2 x} = \frac{1}{\cos^2 x}
\end{aligned}
$$

が成り立つ.

以上をまとめると，次の公式が得られる.

5.12　三角関数の導関数

(1)　$(\sin x)' = \cos x$ 　　　(2)　$(\cos x)' = -\sin x$ 　　　(3)　$(\tan x)' = \dfrac{1}{\cos^2 x}$

例題 5.4　三角関数の導関数 ────────────────

次の関数を微分せよ.

(1)　$y = \sin 3x$ 　　　　　　(2)　$y = \cos^5 x$ 　　　　　　(3)　$y = x\tan x$

- -

解　(1)　$y=\sin 3x$ は $y=\sin u,\ u=3x$ の合成関数であるから，次のようになる.

$$
\frac{dy}{dx} = \frac{dy}{du}\frac{du}{dx} = \frac{d}{du}(\sin u)\cdot\frac{d}{dx}(3x) = \cos u\cdot 3 = 3\cos 3x
$$

(2)　$y=(\cos x)^5$ は $y=u^5,\ u=\cos x$ の合成関数であるから，次のようになる.

$$
\frac{dy}{dx} = \frac{d}{du}(u^5)\cdot\frac{d}{dx}(\cos x) = 5u^4\cdot(-\sin x) = -5\cos^4 x\sin x
$$

(3)　関数の積の導関数の公式を用いれば，次のようになる.

$$
y' = (x)'\tan x + x(\tan x)' = \tan x + \frac{x}{\cos^2 x}
$$

note   例題 5.4(1), (2) は u に置き換えないで，次のように計算してもよい．

(1) $(\sin 3x)' = \cos 3x \cdot (3x)' = 3\cos 3x$

(2) $(\cos^5 x)' = 5\cos^4 x \cdot (\cos x)' = -5\cos^4 x \sin x$

問 5.10 次の関数を微分せよ．

(1) $y = 3\cos 2x$ (2) $y = \sin^3 x$ (3) $y = \dfrac{1}{1 + \sin 2x}$

(4) $y = \tan^2 x$ (5) $y = e^{\sin x}$ (6) $y = \log(1 + \cos x)$

（5.7） 逆三角関数の導関数

逆三角関数の導関数   逆正弦関数 $y = \sin^{-1} x$ の導関数を求める．

$y = \sin^{-1} x$ のとき，$x = \sin y \left(-\dfrac{\pi}{2} \leqq y \leqq \dfrac{\pi}{2}\right)$ である．したがって，$\dfrac{dx}{dy} = \cos y$

となる．$-\dfrac{\pi}{2} < y < \dfrac{\pi}{2}$ のときは $\cos y > 0$ であるから，逆関数の微分法によって，

$$(\sin^{-1} x)' = \frac{dy}{dx} = \frac{1}{\dfrac{dx}{dy}} = \frac{1}{\cos y} = \frac{1}{\sqrt{1 - \sin^2 y}} = \frac{1}{\sqrt{1 - x^2}}$$

が得られる．同様にすると，$(\cos^{-1} x)' = -\dfrac{1}{\sqrt{1 - x^2}}$ も得られる．

また，$y = \tan^{-1} x$ のとき，$x = \tan y \left(-\dfrac{\pi}{2} < y < \dfrac{\pi}{2}\right)$ である．したがって，

$\dfrac{dx}{dy} = \dfrac{1}{\cos^2 y}$ となる．$\dfrac{1}{\cos^2 y} = \tan^2 y + 1$ であることに注意すると，逆関数の

微分法によって，$\tan^{-1} x$ の導関数は次のようになる．

$$(\tan^{-1} x)' = \frac{dy}{dx} = \frac{1}{\dfrac{dx}{dy}} = \frac{1}{\dfrac{1}{\cos^2 y}} = \frac{1}{\tan^2 y + 1} = \frac{1}{x^2 + 1}$$

5.13 逆三角関数の導関数

(1) $(\sin^{-1} x)' = \dfrac{1}{\sqrt{1 - x^2}}$

(2) $(\cos^{-1} x)' = -\dfrac{1}{\sqrt{1 - x^2}}$

(3) $(\tan^{-1} x)' = \dfrac{1}{x^2 + 1}$

問5.11　$(\cos^{-1} x)' = -\dfrac{1}{\sqrt{1-x^2}}$ $(-1 < x < 1)$ であることを証明せよ.

例 5.9

(1)　$\left(\sin^{-1}\dfrac{x}{3}\right)' = \dfrac{1}{\sqrt{1-\left(\dfrac{x}{3}\right)^2}} \cdot \left(\dfrac{x}{3}\right)' = \dfrac{1}{\sqrt{9-x^2}}$

(2)　$\begin{aligned}\left(x\tan^{-1} 2x\right)' &= (x)' \cdot \tan^{-1} 2x + x \cdot \left(\tan^{-1} 2x\right)'\\ &= \tan^{-1} 2x + x \cdot \dfrac{1}{(2x)^2+1} \cdot (2x)'\\ &= \tan^{-1} 2x + \dfrac{2x}{4x^2+1}\end{aligned}$

問5.12　次の関数を微分せよ.

(1)　$y = \sin^{-1}\dfrac{x}{2}$

(2)　$y = \tan^{-1}\dfrac{x}{3}$

(3)　$y = (1+\sin^{-1} x)^2$

(4)　$y = (x^2+1)\tan^{-1} x$

問5.13　次の式が成り立つことを証明せよ. ただし, a は正の定数とする.

(1)　$\left(\sin^{-1}\dfrac{x}{a}\right)' = \dfrac{1}{\sqrt{a^2-x^2}}$

(2)　$\left(\dfrac{1}{a}\tan^{-1}\dfrac{x}{a}\right)' = \dfrac{1}{x^2+a^2}$

コーヒーブレイク

微分可能ではない関数の例　関数 $y = |x|$ のグラフは原点で尖っており, その点で接線が引けないので微分可能ではない.

　一方, 尖っていなくても微分可能ではない関数もある.

$$f(x) = \begin{cases} x\sin\dfrac{1}{x} & (x \neq 0) \\ 0 & (x = 0) \end{cases}$$

を考えると, $\left|x\sin\dfrac{1}{x}\right| \leq |x| \to 0 \ (x \to 0)$ であるから $\lim\limits_{x \to 0} f(x) = f(0)$ が成り立ち, $f(x)$ は $x = 0$ で連続である. この関数のグラフは下図のようになり, 原点では接線が定まらないので, 微分可能ではない.

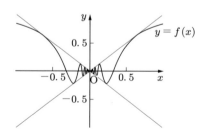

練習問題 5

[1] 次の関数を微分せよ.

(1) $y = \dfrac{1}{3x + 2}$ 　　　　(2) $y = \dfrac{5x + 4}{x^2 + 3}$ 　　　　(3) $y = \sqrt[3]{1 + x^2}$

(4) $y = \dfrac{1}{5\sqrt{2x + 1}}$ 　　(5) $y = \dfrac{x}{\sqrt{x^2 + 1}}$ 　　(6) $y = \dfrac{\cos x}{2x - 1}$

(7) $y = \log (x^3 + 1)$ 　　(8) $y = e^x \sin 3x$ 　　(9) $y = \tan x \tan^{-1} x$

[2] 次の関数を微分せよ.

(1) $y = \dfrac{1}{(x^2 - 3x + 2)^5}$ 　　(2) $y = \sqrt{3x^2 + 4x}$ 　　(3) $y = \dfrac{1}{3\sqrt{(x^2 - 3x + 5)^3}}$

[3] 次の関数を ( ) 内の変数について微分せよ. ただし, 右辺の他の文字は定数とする.

(1) $E = -\dfrac{GMm}{r}$ 　　(r) 　　　　(2) $I = \dfrac{2R}{R + r}$ 　　(R)

(3) $W = \dfrac{au}{u^2 + v^2}$ 　　(u) 　　(4) $T = 2\pi\sqrt{\dfrac{l}{g}}$ 　　(l)

[4] (1) 次の公式を証明せよ.

$$\{f(x)g(x)h(x)\}' = f'(x)g(x)h(x) + f(x)g'(x)h(x) + f(x)g(x)h'(x)$$

(2) (1) の公式を用いて, $y = xe^x \sin x$ を微分せよ.

[5] 次の式が成り立つことを証明せよ. ただし, a, A は定数とする.

(1) $\left(\log \left| x + \sqrt{x^2 + A} \right| \right)' = \dfrac{1}{\sqrt{x^2 + A}}$ 　　$(A \neq 0)$

(2) $\left(\dfrac{1}{2a} \log \left| \dfrac{x - a}{x + a} \right| \right)' = \dfrac{1}{x^2 - a^2}$ 　　$(a \neq 0)$

(3) $\left\{ \dfrac{1}{2} \left(x\sqrt{a^2 - x^2} + a^2 \sin^{-1} \dfrac{x}{a} \right) \right\}' = \sqrt{a^2 - x^2}$ 　　$(a > 0)$

(4) $\left\{ \dfrac{1}{2} \left(x\sqrt{x^2 + A} + A \log \left| x + \sqrt{x^2 + A} \right| \right) \right\}' = \sqrt{x^2 + A}$ 　　$(A \neq 0)$

[6] 次のように定義される関数を**双曲線関数**という.

$$\sinh x = \dfrac{e^x - e^{-x}}{2}, \quad \cosh x = \dfrac{e^x + e^{-x}}{2}, \quad \tanh x = \dfrac{\sinh x}{\cosh x} = \dfrac{e^x - e^{-x}}{e^x + e^{-x}}$$

$\sinh x, \cosh x, \tanh x$ はそれぞれ, ハイパーボリックサイン, ハイパーボリックコサイン, ハイパーボリックタンジェントと読む. これらに対して, 次の公式が成り立つことを証明せよ. ただし, $\sinh^2 x = (\sinh x)^2$, $\cosh^2 x = (\cosh x)^2$ である.

(1) $\cosh^2 x - \sinh^2 x = 1$ 　　　　(2) $(\sinh x)' = \cosh x$

(3) $(\cosh x)' = \sinh x$ 　　　　(4) $(\tanh x)' = \dfrac{1}{\cosh^2 x}$

6 微分法の応用

6.1 平均値の定理と関数の増減

▶ **平均値の定理**　関数 $f(x)$ は閉区間 $[a,b]$ で連続，開区間 (a,b) で微分可能であるとする．

関数 $y = f(x)$ のグラフ上に 2 点 $A(a, f(a))$，$B(b, f(b))$ をとると，下図のように，曲線上の点における接線が直線 AB と平行になるような点 $C(c, f(c))$ が，$y = f(x)\ (a < x < b)$ のグラフ上に，少なくとも 1 つ存在することがわかる．

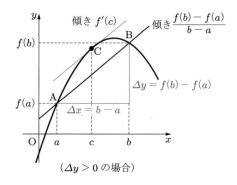

（$\Delta y > 0$ の場合）

このとき，直線 AB の傾き $\dfrac{f(b) - f(a)}{b - a}$ と，点 C におけるグラフの接線の傾き $f'(c)$ は一致する．これを**平均値の定理**という（詳細は付録第 A2 節を参照のこと）．

6.1 平均値の定理

関数 $f(x)$ は閉区間 $[a,b]$ で連続，開区間 (a,b) で微分可能であるとする．このとき，

$$\frac{f(b) - f(a)}{b - a} = f'(c) \quad (a < c < b)$$

を満たす c が少なくとも 1 つ存在する．

区間 $[a,b]$ での $y = f(x)$ の変化量をそれぞれ Δx，Δy とすると，平均値の定理に含まれる式 $f(b) - f(a) = f'(c)\ (b - a)$ は $\Delta y = f'(c)\Delta x$ と書き直すことができる．

平均値の定理から，導関数の符号と関数の増減について次の定理が成り立つ．

6.2　導関数の符号と関数の増減

関数 $f(x)$ が微分可能であるとき，ある区間で

(1)　つねに $f'(x) > 0$ ならば，$f(x)$ はその区間で単調増加である．

(2)　つねに $f'(x) < 0$ ならば，$f(x)$ はその区間で単調減少である．

(3)　つねに $f'(x) = 0$ ならば，$f(x)$ はその区間で定数である．

証明　(1) を証明する．この区間に含まれる任意の点 x_1, x_2 $(x_1 < x_2)$ を選び，区間 $[x_1, x_2]$ に平均値の定理を適用すると，

$$f(x_2) - f(x_1) = f'(c)(x_2 - x_1) \qquad (x_1 < c < x_2)$$

と満たす点 c が存在する．仮定から $f'(c) > 0, x_2 - x_1 > 0$ であるから，

$$f(x_2) - f(x_1) = f'(c)(x_2 - x_1) > 0$$

が得られる．したがって，$f(x)$ は単調増加である．(2), (3) も同様にして証明できる．　　　証明終

関数の増減と極値　　多項式で表される関数のグラフについては 4.3 節ですでに学んだ．ここでは，さらにいろいろな関数のグラフを調べる．

例題 6.1　**関数の増減と極値**　————————————————————————

次の関数の増減を調べてグラフをかけ．また，この関数の極値を求めよ．

(1)　$y = \dfrac{4x}{x^2 + 1}$

(2)　$y = \dfrac{1}{x^2 - 1}$

- -

解　(1)　$y = \dfrac{4x}{x^2 + 1}$ は奇関数であるから，グラフは原点に関して対称である．導関数 y' を求めると，

$$y' = \frac{4(x^2 + 1) - 4x \cdot 2x}{(x^2 + 1)^2} = -\frac{4(x - 1)(x + 1)}{(x^2 + 1)^2}$$

となるから，$y' = 0$ となるのは $x = \pm 1$ のときである．$x = -1$ のとき $y = -2$，$x = 1$ のとき $y = 2$ である．さらに，

$$\lim_{x \to \pm\infty} \frac{4x}{x^2 + 1} = \lim_{x \to \pm\infty} \frac{4}{x + \dfrac{1}{x}} = 0$$

であるから，x 軸が漸近線になる．よって，増減表とグラフは次のようになる．

x	$\cdots$	-1	$\cdots$	1	$\cdots$
y'	$-$	0	$+$	0	$-$
y	$\searrow$	-2	$\nearrow$	2	$\searrow$
		(極小)		(極大)	

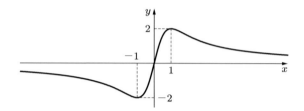

　　したがって，$x=1$ のとき極大値 $y=2$，$x=-1$ のとき極小値 $y=-2$ をとる.

(2)　$y=\dfrac{1}{x^2-1}$ は偶関数であるから，グラフは y 軸に関して対称である. また，$x=\pm 1$ のとき分母が 0 となるから，このとき関数の値は定義されていない. 増減を調べるために導関数 y' を求めると，

$$y'=-\frac{2x}{(x^2-1)^2}$$

となるから，$y'=0$ となるのは $x=0$ のときだけである. y' の符号は $-2x$ の符号と一致することに注意すると，増減表は次のようになる.

x	$\cdots$	-1	$\cdots$	0	$\cdots$	1	$\cdots$
y'	$+$		$+$	0	$-$		$-$
y	$\nearrow$		$\nearrow$	-1	$\searrow$		$\searrow$

　　また，$\displaystyle\lim_{x\to\pm\infty}\frac{1}{x^2-1}=0$ であり，$x=-1$ のまわりの様子は

$$\lim_{x\to-1-0}\frac{1}{x^2-1}=\infty \qquad [x<-1 \text{ のとき } x^2-1>0]$$

$$\lim_{x\to-1+0}\frac{1}{x^2-1}=-\infty \qquad [-1<x<1 \text{ のとき } x^2-1<0]$$

である. グラフは y 軸に関して対称だから，$x=1$ のまわりで次の式も成り立つ.

$$\lim_{x\to 1-0}\frac{1}{x^2-1}=-\infty, \qquad \lim_{x\to 1+0}\frac{1}{x^2-1}=\infty$$

よって，x 軸 $(y=0)$ と直線 $x=\pm 1$ がこのグラフの漸近線であり，グラフは次のようになる.

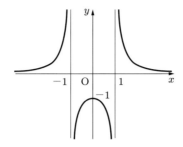

したがって，$x = 0$ のとき極大値 $y = -1$ をとる．極小値はない．

問6.1 次の関数の増減を調べてグラフをかけ．

(1) $y = \dfrac{3}{x^2 + 3}$

(2) $y = (\log x)^2$

関数の最大値・最小値
ここでは，いろいろな関数の最大値・最小値を調べる．定義域が閉区間に制限されているときには，極値の他に，定義域の端点における値も調べる必要がある．

例題 6.2 関数の最大値・最小値

次の関数の最大値と最小値を求めよ．

(1) $y = x\sqrt{2 - x^2}$

(2) $y = e^{-x} \sin x \quad (0 \le x \le 2\pi)$

解 (1) 関数 $y = x\sqrt{2 - x^2}$ は奇関数で，その定義域は

$$2 - x^2 \ge 0 \quad \text{すなわち} \quad -\sqrt{2} \le x \le \sqrt{2}$$

である．y' を求めると，

$$y' = 1 \cdot \sqrt{2 - x^2} + x \cdot \frac{-2x}{2\sqrt{2 - x^2}} = \frac{2(1 - x^2)}{\sqrt{2 - x^2}} = -\frac{2(x - 1)(x + 1)}{\sqrt{2 - x^2}}$$

となる．$y' = 0$ となるのは分子が 0 となるときであるから，

$$x = \pm 1$$

のときである．定義域の端点と $y' = 0$ となるときの y の値を調べると，

$$
\begin{aligned}
x = -\sqrt{2} & \quad \text{のとき} \quad y = 0 \\
x = -1 & \quad \text{のとき} \quad y = -1 \\
x = 1 & \quad \text{のとき} \quad y = 1 \\
x = \sqrt{2} & \quad \text{のとき} \quad y = 0
\end{aligned}
$$

となるから，増減表は

x	$-\sqrt{2}$	$\cdots$	-1	$\cdots$	1	$\cdots$	$\sqrt{2}$
y'		$-$	0	$+$	0	$-$	
y	0	$\searrow$	-1	$\nearrow$	1	$\searrow$	0
			(最小)		(最大)		

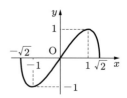

となる．

したがって，$x=1$ のとき最大値 $y=1$，$x=-1$ のとき最小値 $y=-1$ をとる．

(2)　$y=e^{-x}\sin x$ の導関数を求めると，

$$y'=e^{-x}(-\sin x+\cos x)$$

となる．$e^{-x}\neq 0$ であるから，$y'=0$ となるのは，$-\sin x+\cos x=0$ のときである．この式は $\tan x=1$ と変形できるから，$0\leqq x\leqq 2\pi$ の範囲でこれを解くと，

$$x=\frac{\pi}{4},\quad \frac{5\pi}{4}$$

となる．指定された範囲の端点を含めて y の値を調べると，

$$x=0 \qquad のとき \quad y=e^{-0}\sin 0=0$$

$$x=\frac{\pi}{4} \qquad のとき \quad y=e^{-\frac{\pi}{4}}\sin\frac{\pi}{4}=\frac{\sqrt{2}}{2}e^{-\frac{\pi}{4}}$$

$$x=\frac{5\pi}{4} \qquad のとき \quad y=e^{-\frac{5\pi}{4}}\sin\frac{5\pi}{4}=-\frac{\sqrt{2}}{2}e^{-\frac{5\pi}{4}}$$

$$x=2\pi \qquad のとき \quad y=e^{-2\pi}\sin 2\pi=0$$

となる．$e^{-x}>0$ であるから，$-\sin x+\cos x$ の符号を調べると，増減表は

x	0	$\cdots$	$\dfrac{\pi}{4}$	$\cdots$	$\dfrac{5\pi}{4}$	$\cdots$	2π
y'		$+$	0	$-$	0	$+$	
y	0	$\nearrow$	$\dfrac{\sqrt{2}}{2}e^{-\frac{\pi}{4}}$	$\searrow$	$-\dfrac{\sqrt{2}}{2}e^{-\frac{5\pi}{4}}$	$\nearrow$	0
			(最大)		(最小)		

となる．したがって，

$$x=\frac{\pi}{4} \text{ のとき最大値 } y=\frac{\sqrt{2}}{2}e^{-\frac{\pi}{4}}$$

$$x=\frac{5\pi}{4} \text{ のとき最小値 } y=-\frac{\sqrt{2}}{2}e^{-\frac{5\pi}{4}}$$

をとる．

note　(2) について, $-1 \le \sin x \le 1$ であるから,

$$-e^{-x} \le e^{-x} \sin x \le e^{-x}$$

が成り立つ. したがって, $y = e^{-x} \sin x$ のグラフは, $y = e^{-x}$ と $y = -e^{-x}$ のグラフの間を振動する.

問6.2　次の関数の最大値と最小値を求めよ.

(1)　$y = x^2 \sqrt{6 - x^2}$　　　　　　(2)　$y = e^{-x} \cos x$　$(0 \le x \le 2\pi)$

6.2　第 2 次導関数の符号と関数の凹凸

第 2 次導関数　区間 I で定義された関数 $y = f(x)$ の導関数 $f'(x)$ がさらに微分可能であるとき, $f(x)$ は区間 I で **2 回微分可能**であるという. このとき, $f'(x)$ の導関数を $y = f(x)$ の**第 2 次導関数**といい, 次のような記号で表す.

$$y'', \quad f''(x), \quad \frac{d^2 y}{dx^2}, \quad \frac{d^2 f}{dx^2}, \quad \frac{d^2}{dx^2} f(x)$$

note　$\dfrac{d^2 y}{dx^2}$ は, 導関数 $\dfrac{dy}{dx}$ を微分した関数 $\dfrac{d}{dx} \left(\dfrac{dy}{dx} \right)$ という意味の記号である.

例6.1　(1)　$y = -x^3 + 2x^2 + 3x - 4$ のとき, y', y'' は次のようになる.

$$y' = -3x^2 + 4x + 3, \quad y'' = -6x + 4$$

(2)　$y = \log(x^2 + 1)$ のとき, y', y'' は次のようになる.

$$y' = \frac{(x^2 + 1)'}{x^2 + 1} = \frac{2x}{x^2 + 1}$$

$$y'' = \frac{2\{(x)' \cdot (x^2 + 1) - x(x^2 + 1)'\}}{(x^2 + 1)^2} = -\frac{2(x^2 - 1)}{(x^2 + 1)^2}$$

問6.3　次の関数の第 2 次導関数を求めよ.

(1)　$y = 2x^3 + 5x^2 - 6$　　　(2)　$y = (x^2 - 2)^4$　　　(3)　$y = x^3(2 - x)$

(4)　$y = \sin^2 x$　　　　　　　(5)　$y = e^{-x^2}$　　　　　　(6)　$y = \tan^{-1} x$

■ **関数の凹凸と変曲点**　2 次関数 $y = ax^2$ のグラフは $a > 0$ のとき下に凸であり，接線の傾きは x が増加すると増加していく．また，$a < 0$ のとき上に凸であり，接線の傾きは x が増加すると減少していく（図 1）．一般に，ある区間で関数のグラフの接線の傾きが増加しているとき**下に凸**，接線の傾きが減少しているとき**上に凸**であるという（図 2）．

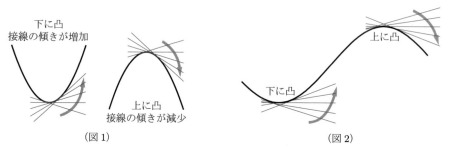

（図 1）　　　　　　　　　　　　　　　　　（図 2）

関数 $y = f(x)$ は 2 回微分可能であるとする．$f''(x)$ は $f'(x)$ の導関数であるから，$f''(x)$ の符号によって $f'(x)$ の増減を調べることができる．$f''(x) > 0$ のとき，$f'(x)$ は単調増加であるから接線の傾きは増加し，$f''(x) < 0$ のとき，$f'(x)$ は単調減少であるから接線の傾きは減少する．したがって，関数 $y = f(x)$ の凹凸の定義から次のことが成り立つ．

6.3　第 2 次導関数の符号と関数の凹凸

関数 $f(x)$ が 2 回微分可能であるとき，ある区間で

(1)　つねに $f''(x) > 0$ ならば，$f(x)$ はその区間で下に凸である．

(2)　つねに $f''(x) < 0$ ならば，$f(x)$ はその区間で上に凸である．

例 6.2　　$y = x^3 - 3x$ とすると，$y'' = 6x$ である．したがって，$x < 0$ のとき $y'' < 0$ であるから上に凸，$x > 0$ のとき $y'' > 0$ であるから下に凸である．

$y = x^3 - 3x$ のグラフは右図のようになる．

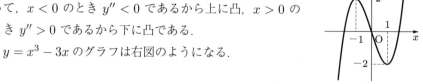

一般に，$x = a$ の前後で関数 $y = f(x)$ の凹凸の状態が変わるとき，点 $(a, f(a))$ を $y = f(x)$ の**変曲点**という．関数 $y = f(x)$ が 2 回微分可能である場合には，点 $(a, f(a))$ が変曲点であれば，$x = a$ の前後で $f''(x)$ の符号が変わるから，$f''(a) = 0$ である．

6.4 変曲点の必要条件

2 回微分可能な関数 $y = f(x)$ について，点 $(a, f(a))$ が変曲点ならば，$f''(a) = 0$ である．

---

note この逆は成り立たない．たとえば，$f(x) = x^4$ とすると $f''(x) = 12x^2$ となり，$f''(0) = 0$ である．しかし，$x \neq 0$ のとき $f''(x) > 0$ であるから，$x = 0$ の前後で $f''(x)$ の符号は変化しない．したがって，点 $(0, 0)$ は変曲点ではない．

例 6.3 例 6.2 の関数 $y = x^3 - 3x$ の変曲点は，原点 $(0, 0)$ である．

■**関数の増減と凹凸** 次のグラフは図の丸で囲んだ付近に変曲点があり，変曲点を境にして，凹凸の状態が変化している．

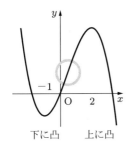
下に凸　上に凸

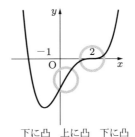
下に凸　上に凸　下に凸

ここでは，増減を調べるための y' の符号と，凹凸を調べるための y'' の符号を含めた増減表を作って，グラフをかく．グラフ上で極値をとる点は ●，変曲点は ● で示す．また，増減表の矢印は

$\nearrow$：増加で下に凸，$\nearrow$：増加で上に凸，$\searrow$：減少で下に凸，$\searrow$：減少で上に凸

ということを表すものとする．

例題 6.3 関数の増減と凹凸 ────────

次の関数の増減と凹凸を調べてグラフをかけ．また，極値と変曲点を求めよ．

(1) $y = x^4 - 6x^2$ 　　　　　　　　(2) $y = e^{-x^2}$

解 (1) $y = x^4 - 6x^2$ は偶関数であり，グラフは y 軸に関して対称である．導関数は
$$y' = 4x^3 - 12x = 4x(x - \sqrt{3})(x + \sqrt{3})$$

となる．よって，$y' = 0$ となるのは $x = 0, \pm\sqrt{3}$ のときであり，$x = 0$ のとき $y = 0$，

$x = \pm\sqrt{3}$ のとき $y = -9$ である．また，第2次導関数は

$$y'' = 12x^2 - 12 = 12(x-1)(x+1)$$

となる．よって，$y'' = 0$ となるのは $x = \boxed{\pm 1}$ のときであり，$x = \pm 1$ のとき $y = -5$ である．したがって，凹凸を含めた増減表とグラフは次のようになる．

x	$\cdots$	$-\sqrt{3}$	$\cdots$	-1	$\cdots$	0	$\cdots$	1	$\cdots$	$\sqrt{3}$	$\cdots$
y'	$-$	0	$+$	$+$	$+$	0	$-$	$-$	$-$	0	$+$
y''	$+$	$+$	$+$	0	$-$	$-$	$-$	0	$+$	$+$	$+$
y	$\searrow$	-9	$\nearrow$	-5	$\curvearrowright$	0	$\searrow$	-5	$\searrow$	-9	$\nearrow$

（極小）　（変曲点）（極大）（変曲点）　（極小）

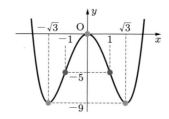

よって，$x = \pm\sqrt{3}$ のとき極小値 $y = -9$，$x = 0$ のとき極大値 $y = 0$ をとる．変曲点は $(1, -5)$，$(-1, -5)$ である．

(2) $y = e^{-x^2}$ は偶関数であるから，そのグラフは y 軸に関して対称である．また，任意の x について $e^{-x^2} > 0$ であることに注意しておく．導関数は

$$y' = -2x\,e^{-x^2}$$

となる．よって，$y' = 0$ となるのは $x = \boxed{0}$ のときであり，$x = 0$ のとき $y = 1$ である．さらに，第2次導関数は

$$y'' = -2\,e^{-x^2} - 2x(-2x\,e^{x^2}) = 2(2x^2 - 1)e^{-x^2}$$

となる．よって，$y'' = 0$ となるのは $x = \boxed{\pm\dfrac{1}{\sqrt{2}}}$ のときである．$x = \pm\dfrac{1}{\sqrt{2}}$ のとき $y = \dfrac{1}{\sqrt{e}}$ であるから，凹凸を含めた増減表は次のようになる．

x	$\cdots$	$-\dfrac{1}{\sqrt{2}}$	$\cdots$	0	$\cdots$	$\dfrac{1}{\sqrt{2}}$	$\cdots$
y'	$+$	$+$	$+$	0	$-$	$-$	$-$
y''	$+$	0	$-$	$-$	$-$	0	$+$
y	$\nearrow$	$\dfrac{1}{\sqrt{e}}$	$\curvearrowright$	1	$\searrow$	$\dfrac{1}{\sqrt{e}}$	$\searrow$

（変曲点）　（極大）　（変曲点）

さらに,

$$\lim_{x \to \pm\infty} e^{-x^2} = \lim_{x \to \pm\infty} \frac{1}{e^{x^2}} = 0$$

である. したがって, グラフは次のようになる.

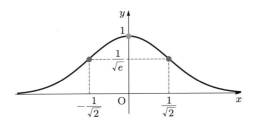

よって, $x=0$ のとき極大値 $y=1$ をとり, 極小値は存在しない. 変曲点は $\left(-\dfrac{1}{\sqrt{2}}, \dfrac{1}{\sqrt{e}} \right)$, $\left(\dfrac{1}{\sqrt{2}}, \dfrac{1}{\sqrt{e}} \right)$ である.

問6.4 次の関数の増減と凹凸を調べてグラフをかけ. また, 極値と変曲点を求めよ.
(1) $y = x^3 - 6x^2 + 9x - 1$ 　　　　　 (2) $y = (x+1)^3(x-3)$

(6.3) 微分と近似

微分　$y = f(x)$ のグラフ上の点 $A(a, f(a))$ をとる. このとき, x の変化量 Δx に対する y の変化量を Δy とする (図 1).

一方, 点 A における接線の方程式は $y - f(a) = f'(a)(x - a)$ であるから, $dx = x - a$, $dy = y - f(a)$ と表せば, 接線の方程式は

$$dy = f'(a)\, dx$$

となり, dy は $x=a$ における接線に沿った y の変化量ということができる(図 2).

ここで, 点 A のまわりを拡大すると, x の変化量 $dx = x - a$ が非常に小さい範囲では, $y = f(x)$ のグラフとその接線は非常に近く, $y = f(x)$ の変化量 Δy と接線に沿った変化量 $dy = f'(a)\, dx$ はほとんど一致する. すなわち,

$$\Delta y \fallingdotseq dy = f'(a)\, dx$$

が成り立つ (図 3).

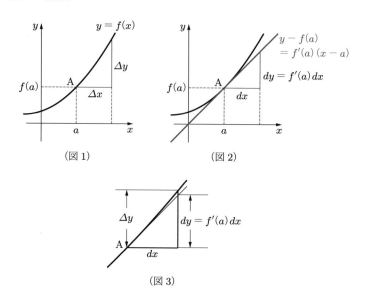

（図 1）　　　　　　　（図 2）

（図 3）

$dy = f'(a)\,dx$ の定数 a を変数 x でおきかえた式

$$dy = f'(x)\,dx$$

を $y = f(x)$ の**微分**という．$dy = f'(a)\,dx$ を $x = a$ における微分という．

例 6.4　　$y = x^3 + x$ の微分は，$dy = (x^3 + x)'dx = (3x^2 + 1)\,dx$ である．

問 6.5　次の関数の微分 dy を求めよ．

(1)　$y = x^2$　　　　　　　　　　(2)　$y = (3x + 1)^2$

微分による変化量の近似　　x が $x = a$ から dx だけ変化するときの $y = f(x)$ の変化量 Δy は，$x = a$ における微分 $dy = f'(a)\,dx$ で近似することができる．

例 6.5　　$y = x^5$ について，x の値が $x = 2$ から 0.03 だけ増加したとする．$y = x^5$ の微分は $dy = 5x^4\,dx$ であるから，$x = 2$ における微分は $dy = 80dx$ となる．$dx = 0.03$ のとき，y の変化量 Δy は，およそ

$$\Delta y \fallingdotseq 80 \cdot 0.03 = 2.4 \quad [\Delta y \fallingdotseq f'(a)\,dx]$$

である．また，$x = 2$ のとき $y = 2^5$ であるから，$x = 2.03$ のときの y の近似値は

$$2.03^5 = 2^5 + \Delta y \fallingdotseq 2^5 + 2.4 = 34.4$$

となる.

note 　$2.03^5 = 34.473\cdots$ であるから,例 6.5 の実際の変化量は,$\Delta y = 2.03^5 - 2^5 = 2.473\cdots$ である.

問6.6　x の値が,$x = 1$ から 0.02 だけ増加する.このとき,次の関数の変化量 Δy を微分を用いて近似し,$x = 1.02$ のときの y の近似値を小数第 2 位まで求めよ.

(1)　$y = 2x^3$　　　　　(2)　$y = \dfrac{1}{x}$　　　　　(3)　$y = \sqrt{x}$

例題 6.4　増加量と増加率

半径 r の球の体積は $V = \dfrac{4}{3}\pi r^3$ である.次の問いに答えよ.

(1)　半径が $r = 10\,\mathrm{m}$ から $dr = 0.05\,\mathrm{m}$ だけ増加するとき,微分を用いて球の体積の増加量 ΔV の近似値を小数第 1 位まで求めよ.円周率を 3.14 とせよ.

(2)　半径が 1% だけ増加するとき,体積はおよそ何 $\%$ 増加するか.

解　(1)　球の体積 $V = \dfrac{4}{3}\pi r^3$ の微分は

$$dV = 4\pi r^2\,dr$$

であるから,球の体積 V の増加量 ΔV の近似式は

$$\Delta V \fallingdotseq dV = 4\pi r^2\,dr$$

となる.$r = 10, dr = 0.05$ であるから,ΔV はおよそ

$$\Delta V \fallingdotseq dV = 400\pi \cdot 0.05 = 62.8\,[\mathrm{m}^3]$$

となる.

(2)　半径が 1% 増加するということは,半径の増加量 dr の半径 r に対する比が 0.01 ということである.すなわち,

$$\frac{dr}{r} = 0.01$$

が成り立つ.このとき,体積の増加率は $\dfrac{\Delta V}{V}$ であるから,

$$\frac{\Delta V}{V} \fallingdotseq \frac{dV}{V} = \frac{4\pi r^2\,dr}{\dfrac{4}{3}\pi r^3} = \frac{3\,dr}{r} = 0.03$$

となる.したがって,およそ 3% だけ増加する.

> note　　例題 6.4(1) では，実際の増加量 ΔV は
> $$\Delta V = \frac{4}{3}\pi(10.05)^3 - \frac{4}{3}\pi(10.00)^3 = 63.1145\cdots[\text{m}^3]$$
> である．円周率は 3.14 とした．

問6.7　半径 r の円の面積を S とするとき，次の問いに答えよ．

(1)　半径が $r = 50\,\text{m}$ から $dr = 0.3\,\text{m}$ だけ増加するとき，微分を用いて，円の面積の増加量 ΔS の近似値を小数第 1 位まで求めよ．円周率は 3.14 とせよ．

(2)　半径が 1% だけ増加するとき，面積はおよそ何 % 増加するか．

(6.4) いろいろな変化率

速度と加速度　　数直線上を運動する点 P の，時刻 t における位置が関数 $x(t)$ で表されているとする．このとき，4.1 節で述べたように，位置の平均変化率

$$\frac{\Delta x}{\Delta t} = \frac{\text{位置の変化量}}{\text{経過時間}} = \frac{x(t + \Delta t) - x(t)}{\Delta t}$$

が，点 P の時刻 t から時刻 $t + \Delta t$ の間の**平均速度**である．またこの式で，$\Delta t \to 0$ のときの極限値

$$v(t) = \lim_{\Delta t \to 0} \frac{\Delta x}{\Delta t} = \frac{dx}{dt}$$

が時刻 t における点 P の**速度**である．

さらに，速度 $v(t)$ の導関数

$$\alpha(t) = \lim_{\Delta t \to 0} \frac{\Delta v}{\Delta t} = \frac{dv}{dt}$$

は，速度の変化率を表している．これを時刻 t における点 P の**加速度**という．加速度は，時刻 t における点 P の位置を表す関数 $x(t)$ の第 2 次導関数である．

6.5　速度と加速度

数直線上を運動している点 P の時刻 t における位置が $x(t)$ であるとき，点 P の速度 $v(t)$ と加速度 $\alpha(t)$ は次のようになる．

$$v(t) = \frac{dx}{dt}, \quad \alpha(t) = \frac{dv}{dt} = \frac{d^2x}{dt^2}$$

例 6.6　数直線上を運動する点の時刻 t における位置が $x(t) = t^3 - 3t^2$ で与えられるとき, 速度は $v(t) = \dfrac{dx}{dt} = 3t^2 - 6t$, 加速度は $\alpha(t) = \dfrac{dv}{dt} = 6t - 6$ である.

例題 6.5 **真上に投げ上げられた物体の運動**

地上 5 m のところから初速度 19.6 m/s で真上に投げ上げられた物体の, t 秒後の地上からの高さ $x(t)$ [m] は

$$x(t) = -4.9t^2 + 19.6t + 5 \,[\text{m}]$$

で表される. このとき, 次の問いに答えよ.

(1)　この物体の t 秒後の速度 $v(t)$ [m/s] と加速度 $\alpha(t)$ [m/s^2] を求めよ.

(2)　この物体が最高点に達するまでの時間と, そのときの高さを求めよ.

解　(1)　$v(t) = \dfrac{dx}{dt} = -9.8t + 19.6\,[\text{m/s}]$,　$\alpha(t) = \dfrac{dv}{dt} = -9.8\,[\text{m/s}^2]$

(2)　最高点では速度は $v(t) = 0$ である. $v(t) = -9.8t + 19.6 = 0$ となるのは $t = 2$ のときであるから, 高さは $t = 2$ のとき最大値 $x(2) = 24.6$ をとる. したがって, 投げ上げてから 2 秒後に最高点に達し, そのときの高さは 24.6 m である.

問 6.8　原点 O から出発して数直線上を運動する物体の, t 秒後の位置 $x(t)$ が

$$x(t) = -3t^3 + 9t^2 \,[\text{m}]$$

で表されるという. このとき, 次の問いに答えよ.

(1)　この物体の t 秒後の速度 $v(t)$ と加速度 $\alpha(t)$ を求めよ.

(2)　この物体が運動の向きを変えるのは何秒後か. また, そのときの位置を求めよ.

(3)　出発点に戻るのは何秒後か. また, そのときの速度を求めよ.

いろいろな変化率　関数 $y = f(x)$ の導関数 $\dfrac{dy}{dx}$ は, 関数 y の変数 x に対する変化率を表す関数である. 独立変数が時刻 t であるときには, 変化率を速度ともいう. 応用上に現れるいろいろな変化率は, ある関数の導関数として表されることが多い.

例題 6.6 水面の上昇速度

　右図のような上面の円の半径が 30 cm，深さが 60 cm の円錐形の容器に，毎秒 100 cm³ の割合で水を注ぎ入れる．水の深さが 40 cm になったときの水面の上昇する速度はおよそどれだけか．円周率を 3.14，単位を cm/s として，小数第 2 位まで求めよ．

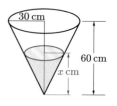

解 　水を注ぎ始めてから t 秒後の水の深さを x [cm]，水の体積を V [cm³] とする．水の深さが x [cm] になったとき，水面の半径は $\dfrac{x}{2}$ [cm] であるから，

$$V = \frac{1}{3}\pi \cdot \left(\frac{x}{2}\right)^2 \cdot x = \frac{1}{12}\pi x^3$$

である．これを t で微分すると，深さ x は t の関数であるから合成関数の微分法によって，

$$\frac{dV}{dt} = \frac{1}{4}\pi x^2 \cdot \frac{dx}{dt}$$

となる．毎秒 100 cm³ で水を入れるから，体積の変化率は $\dfrac{dV}{dt} = 100$ である．水面が上昇する速度は深さ x の変化率であるから

$$\frac{dx}{dt} = \frac{4}{\pi x^2} \cdot \frac{dV}{dt} = \frac{400}{\pi x^2} \ [\text{cm/s}]$$

となる．したがって，$x = 40$ のときの上昇速度は次のようになる．

$$\frac{dx}{dt}\bigg|_{x=40} = \frac{400}{\pi \cdot 40^2} = \frac{1}{4 \cdot 3.14} = 0.079618 \cdots \fallingdotseq 0.08 \ [\text{cm/s}]$$

問6.9　球の半径が毎秒 1 mm の速度で増加しているとする．半径が 8 cm になった瞬間に，この球の表面積が増加する速度を求めよ．円周率を 3.14，単位を cm²/s として，答えは小数第 1 位まで求めよ．

■コーヒーブレイク

方程式の近似解を求める　微分法を利用すると，方程式 $f(x) = 0$ の近似解を求める こともできる．この方程式の解を α とすると，それは関数 $y = f(x)$ のグラフと x 軸 の交点の x 座標である．

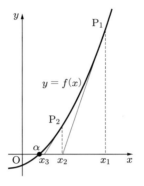

　そこで，α の近くに適当に $x = x_1$ をとり，点 $\mathrm{P}_1(x_1, f(x_1))$ における接線を引 く．接線の方程式は $y = f'(x_1)(x - x_1) + f(x_1)$ であり，x 軸との交点の x 座標は $x = x_1 - \dfrac{f(x_1)}{f'(x_1)}$ である．

　次に，この座標を x_2 として点 $\mathrm{P}_2(x_2, f(x_2))$ における接線と x 軸との交点を求 める．接線の方程式は $y = f'(x_2)(x - x_2) + f(x_2)$ であるから，交点の x 座標は $x = x_2 - \dfrac{f(x_2)}{f'(x_2)}$ である．そして，この値を x_3 として点 $\mathrm{P}_3(x_3, f(x_3))$ における接 線を考えて同様のことを繰り返すと，x 軸上に接線との交点の x 座標を表す数列 $\{x_n\}$ が得られ，漸化式

$$x_{n+1} = x_n - \frac{f(x_n)}{f'(x_n)}$$

を満たす．関数 $f(x)$ が一定の条件を満たせば，この数列 $\{x_n\}$ は $\lim\limits_{n \to \infty} x_n = \alpha$ とな ることが証明されている．このようにして近似解を求める方法を**ニュートン法**という．

　たとえば，$\sqrt{2}$ は方程式 $x^2 - 2 = 0$ の解である．関数 $f(x) = x^2 - 2$ に対して， $x_1 = 2$ から始めてニュートン法を適用すると，$x_2 = 1.5$, $x_3 = 1.41421\cdots$ となり， 3 回目で十分な近似値が得られる．

練習問題 6

[1] $y = x^2$ のグラフ上の $x = c$ に対応する点における接線の傾きが，関数 $f(x) = x^2$ の $x = a$ から $x = b$ までの平均変化率に等しい．このとき，c を a, b を用いて表せ．ただし，$a \neq b$ であるとする．

[2] (　) 内の範囲で，次の関数の最大値と最小値を求めよ．

(1) $y = x^2 e^{-x} \quad (0 \leqq x \leqq 3)$ 　　　　(2) $y = \dfrac{1}{2}x - \sin x \quad (0 \leqq x \leqq 2\pi)$

[3] 次の関数の極値と変曲点を求めよ．変曲点は x 座標だけ答えよ．ただし，グラフは図のとおりとする．

(1) $y = \cos^2 x \quad (0 < x < 2\pi)$ 　　　　(2) $y = xe^{-\frac{x^2}{2}}$

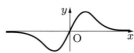

[4] 次の関数の第 2 次導関数を求めよ．

(1) $y = \sqrt[3]{x^5}$ 　　　　　　(2) $y = \sin 5x$ 　　　　　　(3) $y = e^{-x}\sin x$

(4) $y = \sin^{-1} x$ 　　　　　(5) $y = x^2 e^{-x}$ 　　　　(6) $y = (\log x)^2$

[5] 次の関数の増減と凹凸を調べてグラフをかけ．また，この関数の極値と変曲点を求めよ．さらに，漸近線があればその方程式を求めよ．

(1) $y = \dfrac{2e^x}{e^x + 1}$ 　　　　　　　　(2) $y = \log(x^2 + 1)$

[6] 1 辺の長さ $1\,\mathrm{m}$ の立方体の各辺の長さが増加し，体積 $1.06\,\mathrm{m}^3$ の立方体となった．1 辺の長さはおよそ何 cm 長くなったか．

[7] 重力加速度を $g\,[\mathrm{m/s^2}]$ とするとき，水平線となす角が θ の方向に，初速度 $v_0\,[\mathrm{m/s}]$ で投げられた物体の t 秒後の位置 (x, y) は，

$$x = v_0 t \cos\theta\,[\mathrm{m}], \quad y = v_0 t \sin\theta - \dfrac{1}{2}gt^2\,[\mathrm{m}]$$

で与えられる．次の問いに答えよ．

(1) y 座標が最大となる t の値を求めよ．

(2) 投げたあと，再び $y = 0$ となるときの x 座標を求めよ．また，そのときの x 座標が最大となる角度 θ を求めよ．

歴史を変えた微積分

　地上で私たちが地球の引力を意識することはほとんどないが，惑星の運動を支配する力と地上でものが落ちるのにかかる力が同じ万有引力によることを発見したのはニュートンである．それだけでなく，彼は地上の物体の運動も惑星の運動も，瞬間的な変化を使って記述できることを発見した．ニュートンの第二法則は「物体の運動の瞬間的な変化は加えられた力に比例し，力がはたらく直線の方向に沿って行われる」と，『プリンキピア』に記されている．

　地上でものを落とす場合は，物体と地球の中心を結ぶ直線を x 軸と考え，この軸と地表の交点を原点とし，地球の中心に向かう方向を負と考える．時刻 $t = 0$ で物体を落として，時刻 t での物体の位置を $x(t)$ とすると，時刻 t_0 での物体の位置の瞬間的な変化率は，$x(t)$ の t_0 での微分

$$\lim_{t \to t_0} \frac{f(t) - f(t_0)}{t - t_0} = \lim_{h \to 0} \frac{x(t_0 + h) - x(t_0)}{h} = x'(t_0)$$

で与えられる．$x'(t_0)$ は時刻 t_0 での物体の速度を表す．

　第二法則に現れる「運動の瞬間的な変化」は，速度を表す導関数 $x'(t)$ の微分に対応する．地上では質量 m の物体には mg の大きさの力が地球の中心に向かってはたらくので，向きを考えると $-mg$ の力が物体にはたらくことになる．ここで，g は重力加速度で，地球の各点で異なるが，ほぼ $g = 9.8\,\mathrm{m/s}^2$ である．いまの場合は第二法則は $mx''(t) = -mg$ と書くことができる．これより $x''(t) = -g$ となり，物体の運動は質量によらないことがわかる．これは，ガリレオがピサの斜塔から物体を落下させると地上の到達する時刻は物体の重さによらず一定であることを発見したことの，微分を使った表現である．このように，物理法則は微分が入った方程式で表現されることが多い．

　微分が入っている方程式を微分方程式とよぶ．実際の運動を知るためにはこの微分方程式を解かなければならない．そのことは微分積分 2 で学ぶことになるが，上で記した微分方程式 $x''(t) = -g$ の場合は，いままで学んだことを使って解くことができる．この微分方程式は，$x'(t)$ を t で微分できる導関数が定数 $-g$ であることを意味する．したがって $x'(t) = -gt + C$ と書くことができる．ここで，定数 C は定数である．$x'(0) = C$ であるが，これは最初にどれだけの速度を物体に与えるかによって決まる．何もせずに手から自然に落とせば $C = 0$ である．すると，$x'(t) = -gt$ となる．今度は微分して $-gt$ となる関数 $x(t)$ を求める必要があるが，これは $x(t) = -\dfrac{1}{2}gt^2 + D$ である．定数 D は $x(0) = D$，物体をどの高さから落とすかを示す数値である．このように，微分方程式を解くことによって実際の運動を知ることができる．$x(t) = -\dfrac{1}{2}t^2 + D$ は，ガリレオが長い時間をかけ，実験を繰り返して導いた式であったが，ニュートンの第二法則から簡単に導くことができたわけである．

　一般に，導関数から元の関数を見出すにはさまざまな工夫が必要となるが，そのためには次章で学ぶ「積分」が必要となる．瞬間的な変化が積み重なってどのような変化が生じるかを記述するのが「積分」であり，微分と積分は表と裏の関係があるともいえる．

　微分と積分という考え方が導入されて，物理法則を式で表し，それを解くことができるようになって，科学と技術の一大進展が可能となった．西洋文明が世界を支配するようになった背景に微積分があったことは，忘れてはならない事実である．

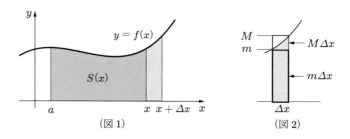

積分法

7 不定積分

7.1 不定積分

面積を表す関数　第 2 章では，関数 $f(x)$ の導関数 $f'(x)$ の符号によって $f(x)$ の増減の様子を調べることを学んだ．この節では，微分法の逆，すなわち，関数 $f(x)$ から $F'(x) = f(x)$ を満たす関数 $F(x)$ を求める方法を学ぶ．この方法は，たとえば，数直線上を運動する点 P の位置 $x(t)$ と速度 $v(t)$ の間には $x'(t) = v(t)$ の関係があるから［→定理 **6.5**］，速度 $v(t)$ から位置 $x(t)$ を求めるときに用いられる．

　また，図 1 のような，関数 $y = f(x)$ のグラフと x 軸の間にある灰色の部分の図形の面積を求めるときにも，次のように微分法の逆の考え方を使うことができる．

（図 1）　　　　　　（図 2）

　$f(x) \geqq 0$ を満たす連続な関数 $y = f(x)$ に対して，図 1 の灰色の部分の面積を $S(x)$ とする．x が Δx だけ増加したときの，$S(x)$ の増加量を $\Delta S = S(x + \Delta x) - S(x)$ とすると，ΔS は図 1 の青色の部分の面積である．いま，区間 $[x, x + \Delta x]$ における $f(x)$ の最小値を m，最大値を M とすると，図 2 から，ΔS は不等式

$$m\Delta x \leqq \Delta S \leqq M\Delta x \quad \text{よって} \quad m \leqq \frac{\Delta S}{\Delta x} \leqq M$$

を満たす．$\Delta x \to 0$ のとき $m \to f(x),\ M \to f(x)$ であるから，

$$\lim_{\Delta x \to 0} \frac{\Delta S}{\Delta x} = f(x)$$

が成り立つ. したがって, 関数 $S(x)$ は微分可能で, その導関数は $f(x)$ である.

このように, 連続関数 $f(x)$ のグラフと x 軸の間にある図形の面積を求めるためには, $S'(x) = f(x)$ となる関数 $S(x)$ を求めればよいことがわかる. このような図形の面積については, 第 8 節でくわしく学ぶ.

▶ **不定積分**　$y = f(x)$ に対して, $F'(x) = f(x)$ を満たす関数 $F(x)$ を $f(x)$ の**原始関数**という.

$(x^2)' = 2x$ であるから, x^2 は $2x$ の原始関数である. $(x^2 + 3)' = 2x$, $(x^2 - 1)' = 2x$ であるから, $x^2 + 3$ や $x^2 - 1$ も $2x$ の原始関数である.

このように, 関数 $f(x)$ に対して, $f(x)$ の原始関数は 1 つに定まらない. いま, $F(x), G(x)$ をともに, 関数 $f(x)$ の原始関数とすると,

$$\{G(x) - F(x)\}' = G'(x) - F'(x) = f(x) - f(x) = 0$$

であるから, $G(x) - F(x) = C$（C は定数）である［→定理 **6.2**(3)］. したがって, $F(x)$ を $f(x)$ の原始関数の 1 つとすると, 他の原始関数は $F(x) + C$ で表される. この形の関数を総称して $f(x)$ の**不定積分**といい,

$$\int f(x)\,dx = F(x) + C \quad (C \text{ は定数})$$

と表す. 不定積分を求めることを**積分する**といい, 定数 C を**積分定数**という. また, $\int$ を**積分記号**（インテグラル）, $f(x)$ を**被積分関数**という.

なお, 原始関数と不定積分は同じ意味で用いられることもある.

$f(x)$ の不定積分を微分すれば

$$\frac{d}{dx} \int f(x)\,dx = (F(x) + C)' = F'(x) = f(x)$$

となって, 元の関数 $f(x)$ に戻る. また, $f(x)$ の導関数 $f'(x)$ の不定積分は, 微分すれば $f'(x)$ になる関数であるから $f(x) + C$（C は定数）である. したがって, 微分することと積分することの間には次の関係がある. 以下, とくに断らない限り, C は積分定数とする.

7.1　微分と積分

$$\frac{d}{dx}\int f(x)\,dx = f(x), \quad \int f'(x)\,dx = f(x) + C$$

例 7.1　(1)　$\dfrac{d}{dx}\displaystyle\int \left(x^3 + 5\sqrt{x} - 8\right)dx = x^3 + 5\sqrt{x} - 8$

(2)　$(x^2 + 3x)' = 2x + 3$ であるから，$\displaystyle\int (2x + 3)\,dx = \int \left(x^2 + 3x\right)' dx = x^2 + 3x + C$

不定積分の公式 I　　導関数の公式 $(\sin x)' = \cos x$ から不定積分の公式

$$\int \cos x\,dx = \int (\sin x)'\,dx = \sin x + C$$

が得られる．以下の不定積分の公式 **7.2** が成り立つことは，右辺の関数を微分すると左辺の被積分関数になることによって確かめることができる．

7.2　不定積分の公式 I

(1)　$\displaystyle\int k\,dx = kx + C$　　（k は定数）

(2)　$\displaystyle\int x^\alpha\,dx = \frac{1}{\alpha + 1}x^{\alpha + 1} + C$　　（$\alpha \neq -1$）

(3)　$\displaystyle\int \frac{1}{x}\,dx = \log|x| + C$

(4)　$\displaystyle\int e^x\,dx = e^x + C$

(5)　$\displaystyle\int \sin x\,dx = -\cos x + C, \quad \int \cos x\,dx = \sin x + C$

(6)　$\displaystyle\int \frac{1}{\cos^2 x}\,dx = \tan x + C, \quad \int \frac{1}{\sin^2 x}\,dx = -\frac{1}{\tan x} + C$

例 7.2　$\displaystyle\int \sqrt[3]{x^2}\,dx = \int x^{\frac{2}{3}}\,dx = \frac{1}{\frac{2}{3} + 1}x^{\frac{2}{3} + 1} + C = \frac{3}{5}\sqrt[3]{x^5} + C$

問 7.1　次の不定積分を求めよ．

(1)　$\displaystyle\int x^5\,dx$　　　　(2)　$\displaystyle\int \frac{1}{x^3}\,dx$　　　　(3)　$\displaystyle\int \sqrt{x}\,dx$　　　　(4)　$\displaystyle\int \frac{2}{x}\,dx$

不定積分の性質　導関数の線形性［→定理 4.5］から，k を定数とするとき

$$\left(k\int f(x)\,dx\right)' = k\left(\int f(x)\,dx\right)' = kf(x)$$

$$\left(\int f(x)\,dx \pm \int g(x)\,dx\right)' = \left(\int f(x)\,dx\right)' \pm \left(\int g(x)\,dx\right)'$$

$$= f(x) \pm g(x)$$

が成り立つ．したがって，次の不定積分の線形性が得られる．

7.3　不定積分の線形性

(1)　$\displaystyle\int kf(x)\,dx = k\int f(x)\,dx$　　（k は定数）

(2)　$\displaystyle\int \{f(x) \pm g(x)\}\,dx = \int f(x)\,dx \pm \int g(x)\,dx$　　（複号同順）

例 7.3　　不定積分の線形性を用いると，次のように計算することができる．

(1)　$\displaystyle\int\left(x^2 - \frac{2}{x^2}\right)dx = \int x^2\,dx - 2\int\frac{1}{x^2}\,dx$

$$= \frac{1}{3}x^3 - 2\left(-\frac{1}{x}\right) + C = \frac{1}{3}x^3 + \frac{2}{x} + C$$

(2)　$\displaystyle\int\frac{\sin^2 x}{\cos^2 x}\,dx = \int\frac{1 - \cos^2 x}{\cos^2 x}\,dx$

$$= \int\left(\frac{1}{\cos^2 x} - 1\right)dx$$

$$= \int\frac{1}{\cos^2 x}\,dx - \int 1\,dx = \tan x - x + C$$

$\displaystyle\int 1\,dx$ は $\displaystyle\int dx$ とかく．

問 7.2　次の不定積分を求めよ．

(1)　$\displaystyle\int\left(x^2 - 3x + \frac{3}{x}\right)dx$　　(2)　$\displaystyle\int\left(\cos x + 2\sqrt{x}\right)dx$　　(3)　$\displaystyle\int\frac{\cos^2 x}{\sin^2 x}\,dx$

1 次関数との合成関数の不定積分　　$f(x)$ の原始関数 $F(x)$ がわかっているとき，$f(ax+b)$（a, b は定数，$a \neq 0$）の不定積分を求める．$t = ax+b$ とおくと，合成関数の微分法によって，

$$\{F(ax+b)\}' = \frac{dF}{dt} \cdot \frac{dt}{dx} = f(t) \cdot (ax+b)' = a\,f(ax+b)$$

が成り立つ．両辺を a で割って積分することにより，次が得られる．

$$\int f(ax+b)\,dx = \frac{1}{a}F(ax+b) + C$$

例 7.4　　(1)　$\displaystyle\int x^3\,dx = \frac{1}{4}x^4 + C$ であるから，次のような計算ができる．

$$\int (2x-1)^3\,dx = \frac{1}{2}\cdot\frac{1}{4}(2x-1)^4 + C = \frac{1}{8}(2x-1)^4 + C$$

(2)　$\displaystyle\int e^x\,dx = e^x + C$ であるから，次のような計算ができる．

$$\int e^{-3x+1}\,dx = \frac{1}{-3}e^{-3x+1} + C = -\frac{1}{3}e^{-3x+1} + C$$

問 7.3　次の不定積分を求めよ．

(1)　$\displaystyle\int (2x+1)^2\,dx$ 　　　　(2)　$\displaystyle\int \sqrt{3x-1}\,dx$ 　　　　(3)　$\displaystyle\int \frac{1}{5x+2}\,dx$

(4)　$\displaystyle\int e^{2x}\,dx$ 　　　　(5)　$\displaystyle\int \sin(1-x)\,dx$ 　　　　(6)　$\displaystyle\int \cos\frac{x}{3}\,dx$

▶不定積分の公式 II　　問 5.13 から

$$\left(\sin^{-1}\frac{x}{a}\right)' = \frac{1}{\sqrt{a^2-x^2}}, \quad \left(\frac{1}{a}\tan^{-1}\frac{x}{a}\right)' = \frac{1}{x^2+a^2}$$

が成り立つ．これから，不定積分の公式

$$\int \frac{1}{\sqrt{a^2-x^2}}\,dx = \sin^{-1}\frac{x}{a} + C, \quad \int \frac{1}{x^2+a^2}\,dx = \frac{1}{a}\tan^{-1}\frac{x}{a} + C$$

が得られる．また，練習問題 5[5](2) から

$$\left(\frac{1}{2a}\log\left|\frac{x-a}{x+a}\right|\right)' = \frac{1}{x^2-a^2}$$

が成り立つ．これから，不定積分の公式

$$\int \frac{1}{x^2-a^2}\,dx = \frac{1}{2a}\log\left|\frac{x-a}{x+a}\right| + C$$

が得られる．以上をまとめると，分母に 2 次式を含む関数に関する次の不定積分の公式 II が得られる．

7.4　不定積分の公式 II

(1) $\displaystyle\int \frac{1}{\sqrt{a^2-x^2}}\,dx = \sin^{-1}\frac{x}{a} + C \quad (a > 0)$

(2) $\displaystyle\int \frac{1}{x^2+a^2}\,dx = \frac{1}{a}\tan^{-1}\frac{x}{a} + C \quad (a \neq 0)$

(3) $\displaystyle\int \frac{1}{x^2-a^2}\,dx = \frac{1}{2a}\log\left|\frac{x-a}{x+a}\right| + C \quad (a \neq 0)$

例 7.5　　$\displaystyle\int \frac{1}{x^2-9} = \frac{1}{6}\log\left|\frac{x-3}{x+3}\right| + C$

問 7.4　次の不定積分を求めよ.

(1) $\displaystyle\int \frac{1}{\sqrt{4-x^2}}\,dx$

(2) $\displaystyle\int \frac{1}{x^2-3}\,dx$

(3) $\displaystyle\int \frac{1}{\sqrt{9-(x+4)^2}}\,dx$

(4) $\displaystyle\int \frac{1}{(5x-2)^2+4}\,dx$

7.2　不定積分の置換積分法

不定積分の置換積分法　　$t = g(x)$ のとき, $f(t) = f(g(x))$ は x の関数である. 関数 $f(t)$ の不定積分を x で微分すると, 合成関数の微分法 [→定理 **5.5**]によって,

$$\frac{d}{dx}\int f(t)\,dt = \frac{d}{dt}\int f(t)\,dt \cdot \frac{dt}{dx} = f(t)\cdot g'(x) = f(g(x))g'(x)$$

となる. したがって, $t = g(x)$ のとき

$$\int f(g(x))g'(x)\,dx = \int f(t)\,dt$$

が成り立つ. この方法を**不定積分の置換積分法**という.

7.5　不定積分の置換積分法

$t = g(x)$ とおくと, 次の式が成り立つ.

$$\int f(g(x))\,g'(x)\,dx = \int f(t)\,dt$$

$t = g(x)$ の微分は $dt = g'(x)dx$ である．置換積分法は $g'(x)dx$ を dt で置き換えた形になっている．

例題 7.1　不定積分の置換積分 ────────────────────

不定積分 $\displaystyle \int \sin^3 x \cos x \, dx$ を求めよ．

- -

解　$t = \sin x$ とおくと $dt = \cos x \, dx$ となる．したがって，

$$\int \sin^3 x \cos x \, dx = \int t^3 \, dt = \frac{1}{4} t^4 + C = \frac{1}{4} \sin^4 x + C$$

が得られる．

問7.5　次の不定積分を求めよ．

(1) $\displaystyle \int x^2 (x^3 + 1)^7 \, dx$ 　　　(2) $\displaystyle \int \frac{\log x}{x} \, dx$ 　　　(3) $\displaystyle \int x \sqrt{1 - x^2} \, dx$

(4) $\displaystyle \int \frac{\cos x}{1 + \sin^2 x} \, dx$ 　　　(5) $\displaystyle \int \frac{e^x}{\sqrt{4 - e^{2x}}} \, dx$ 　　　(6) $\displaystyle \int x e^{-x^2} \, dx$

$\dfrac{f'(x)}{f(x)}$ の不定積分　　次の形の関数の不定積分はよく使われる．

例題 7.2　$\dfrac{f'(x)}{f(x)}$ の不定積分 ────────────────

次の式が成り立つことを証明せよ．

$$\int \frac{f'(x)}{f(x)} \, dx = \log |f(x)| + C$$

- -

証明　$t = f(x)$ とおくと，$dt = f'(x) \, dx$ であるから，次が成り立つ．

$$\int \frac{f'(x)}{f(x)} \, dx = \int \frac{1}{t} \, dt$$

$$= \log |t| + C = \log |f(x)| + C \qquad \boxed{証明終}$$

例 7.6　$\displaystyle \int \tan x \, dx = \int \frac{\sin x}{\cos x} \, dx = - \int \frac{(\cos x)'}{\cos x} \, dx = - \log |\cos x| + C$

問7.6　次の不定積分を求めよ．

(1) $\displaystyle\int \frac{x^2}{x^3+1}\,dx$　　(2) $\displaystyle\int \frac{x+1}{x^2+2x-3}\,dx$

(3) $\displaystyle\int \frac{\cos x}{\sin x}\,dx$　　(4) $\displaystyle\int \frac{e^x-e^{-x}}{e^x+e^{-x}}\,dx$

有理関数の不定積分　分子，分母が多項式である分数式の不定積分は，分母を実数の範囲で因数分解し，それを部分分数に分解することによって求めることができる．

例題 7.3　有理関数の不定積分

不定積分 $\displaystyle\int \frac{9x-1}{(x-3)(x^2+4)}\,dx$ を求めよ．

解　部分分数分解を行うとき，分母が 2 次式のときには，分子を 1 次式とおく．この場合は，a, b, c を定数として，

$$\frac{9x-1}{(x-3)(x^2+4)} = \frac{a}{x-3} + \frac{bx+c}{x^2+4}$$

とおいて，分母を払うと，

$$9x-1 = a(x^2+4) + (bx+c)(x-3)$$

となる．右辺を展開して整理すれば，

$$9x-1 = (a+b)x^2 + (-3b+c)x + (4a-3c)$$

が得られる．したがって，両辺の係数を比較すると

$$\begin{cases} a+b=0 \\ -3b+c=9 \\ 4a-3c=-1 \end{cases}$$

が成り立ち，これを解くと $a=2, b=-2, c=3$ となる．したがって，

$$\begin{aligned}\int \frac{9x-1}{(x-3)(x^2+4)}\,dx &= \int \left(\frac{2}{x-3} - \frac{2x}{x^2+4} + \frac{3}{x^2+4}\right)dx \\ &= 2\log|x-3| - \log(x^2+4) + \frac{3}{2}\tan^{-1}\frac{x}{2} + C \\ &= \log\frac{(x-3)^2}{x^2+4} + \frac{3}{2}\tan^{-1}\frac{x}{2} + C\end{aligned}$$

となる．

問 7.7　次の不定積分を求めよ.

(1) $\displaystyle \int \frac{1}{x^2 - 3x + 2}\, dx$

(2) $\displaystyle \int \frac{x^2 - 2x - 1}{(x-1)(x^2+1)}\, dx$

(7.3) 不定積分の部分積分法

▶ 不定積分の部分積分法　　関数の積の導関数の公式

$$\{f(x)g(x)\}' = f'(x)g(x) + f(x)g'(x)$$

の両辺を積分すると

$$f(x)g(x) = \int f'(x)g(x)\, dx + \int f(x)g'(x)\, dx$$

となる. この式の右辺の第 1 項を移項すると,

$$\int f(x)g'(x)\, dx = f(x)g(x) - \int f'(x)g(x)\, dx$$

が成り立つ. これを**不定積分の部分積分法**という.

> ### 7.6　不定積分の部分積分法
>
> $$\int f(x)g'(x)\, dx = f(x)g(x) - \int f'(x)g(x)\, dx$$

例 7.7　　xe^{2x} の不定積分を求める. $\left(\dfrac{1}{2}e^{2x}\right)' = e^{2x}$ であるから, 部分積分法を適用すると,

$$
\begin{aligned}
\int x\, e^{2x}\, dx &= \int x\left(\frac{1}{2}e^{2x}\right)' dx \\
&= x \cdot \frac{1}{2}e^{2x} - \int 1 \cdot \frac{1}{2}e^{2x}\, dx \\
&= \frac{1}{2}xe^{2x} - \frac{1}{4}e^{2x} + C
\end{aligned}
$$

が得られる.

問 7.8　次の不定積分を求めよ.

(1) $\displaystyle \int xe^{-x}\, dx$

(2) $\displaystyle \int x\cos 3x\, dx$

対数関数・逆三角関数の不定積分

対数関数や逆三角関数の積分は，部分積分法によって求められる場合がある．

例 7.8

$$\int \log x \, dx = \int 1 \cdot \log x \, dx$$

$$= \int (x)' \cdot \log x \, dx$$

$$= x \log x - \int x \cdot \frac{1}{x} \, dx$$

$$= x \log x - \int dx = x \log x - x + C$$

例題 7.4 逆正弦関数の不定積分 ——————————

$\displaystyle \int \sin^{-1} x \, dx$ を求めよ．

- -

解 $\sin^{-1} x = 1 \cdot \sin^{-1} x = (x)' \cdot \sin^{-1} x$ と考えて，部分積分法を用いると，

$$\int \sin^{-1} x \, dx = \int (x)' \cdot \sin^{-1} x \, dx$$

$$= x \cdot \sin^{-1} x - \int x \cdot \left(\sin^{-1} x \right)' \, dx$$

$$= x \sin^{-1} x - \int \frac{x}{\sqrt{1 - x^2}} \, dx$$

となる．第 2 項で $t = 1 - x^2$ とおくと $dt = -2x \, dx$ となるから，

$$\int \frac{x}{\sqrt{1 - x^2}} \, dx = \int \frac{1}{\sqrt{t}} \left(-\frac{1}{2} \, dt \right)$$

$$= -\frac{1}{2} \int t^{-\frac{1}{2}} dt = -\frac{1}{2} \cdot 2 t^{\frac{1}{2}} + C = -\sqrt{1 - x^2} + C$$

が得られる．C は任意であるから，$-C$ を改めて C と置き換えて，次の結果が得られる．

$$\int \sin^{-1} x \, dx = x \sin^{-1} x + \sqrt{1 - x^2} + C$$

問 7.9 次の不定積分を求めよ．

(1) $\displaystyle \int x \log x \, dx$

(2) $\displaystyle \int \tan^{-1} x \, dx$

部分積分を 2 回以上行う方法　　部分積分を 2 回以上行わなければならない場合もある．代表的なものには，x^n を微分することによって次数を下げるものや，2 回行うともとの式と同じ式が現れるものなどがある．

■ **例題 7.5**　部分積分（x^n の次数を下げる場合）

不定積分 $\displaystyle \int x^2 e^{2x}\, dx$ を求めよ．

- -

解
$$\int x^2 e^{2x}\, dx = x^2 \cdot \frac{1}{2} e^{2x} - \int 2x \cdot \frac{1}{2} e^{2x}\, dx$$

$$= \frac{1}{2} x^2 e^{2x} - \int x e^{2x}\, dx$$

$$= \frac{1}{2} x^2 e^{2x} - \left(x \cdot \frac{1}{2} e^{2x} - \int 1 \cdot \frac{1}{2} e^{2x}\, dx \right)$$

$$= \frac{1}{2} x^2 e^{2x} - \frac{1}{2} x e^{2x} + \frac{1}{2} \cdot \frac{1}{2} e^{2x} + C$$

$$= \frac{1}{4} e^{2x} (2x^2 - 2x + 1) + C$$

問 7.10　次の不定積分を求めよ．

(1) $\displaystyle \int x^2 \sin 2x\, dx$ 　　　　　　　　(2) $\displaystyle \int (\log x)^2\, dx$

■ **例題 7.6**　部分積分（もとの形に戻る場合）

不定積分 $\displaystyle \int e^{2x} \sin 3x\, dx$ を求めよ．

- -

解　$I = \displaystyle \int e^{2x} \sin 3x\, dx$ とおいて部分積分を 2 回行う．e^{2x} を積分する関数とすると，

$$I = \frac{1}{2} e^{2x} \sin 3x - \int \frac{1}{2} e^{2x} \cdot 3 \cos 3x\, dx$$

$$= \frac{1}{2} e^{2x} \sin 3x - \frac{3}{2} \left\{ \frac{1}{2} e^{2x} \cos 3x - \int \frac{1}{2} e^{2x} (-3 \sin 3x)\, dx \right\}$$

$$= \frac{1}{2} e^{2x} \sin 3x - \frac{3}{4} e^{2x} \cos 3x - \frac{9}{4} \int e^{2x} \sin 3x\, dx$$

$$= \frac{1}{4} e^{2x} (2 \sin 3x - 3 \cos 3x) - \frac{9}{4} I$$

となり，同じ形の不定積分 I が現れる．I を求めるために，右辺の $-\dfrac{9}{4} I$ を左辺に移項

する．右辺から不定積分がなくなったので積分定数を追加すると，

$$\frac{13}{4}I = \frac{1}{4}e^{2x}(2\sin 3x - 3\cos 3x) + C$$

となる．両辺に $\frac{4}{13}$ をかければ，

$$I = \frac{e^{2x}}{13}(2\sin 3x - 3\cos 3x) + \frac{4}{13}C$$

である．$\frac{4}{13}C$ は任意の定数であるから，改めて C と置き換えて，次の結果が得られる．

$$I = \frac{e^{2x}}{13}(2\sin 3x - 3\cos 3x) + C$$

---

note　　例題 7.6 では e^{2x} を積分する関数としたが，$\sin 3x$ を積分する関数として求めることもできる．

問7.11　次の不定積分を求めよ．

(1) $\displaystyle\int e^{4x}\cos 3x\, dx$

(2) $\displaystyle\int e^{-x}\sin 4x\, dx$

不定積分の公式 III　　不定積分について，次の公式 III が成り立つ．証明は，右辺の関数を微分すると左辺の被積分関数になることで確かめることができる（練習問題 5[5]）．

7.7　不定積分の公式 III

a, A は定数，$a > 0$, $A \neq 0$ とする．

(1) $\displaystyle\int \frac{1}{\sqrt{x^2 + A}}\, dx = \log\left|x + \sqrt{x^2 + A}\right| + C$

(2) $\displaystyle\int \sqrt{x^2 + A}\, dx = \frac{1}{2}\left(x\sqrt{x^2 + A} + A\log\left|x + \sqrt{x^2 + A}\right|\right) + C$

(3) $\displaystyle\int \sqrt{a^2 - x^2}\, dx = \frac{1}{2}\left(x\sqrt{a^2 - x^2} + a^2\sin^{-1}\frac{x}{a}\right) + C$

問7.12　次の不定積分を求めよ.

(1) $\displaystyle \int \frac{1}{\sqrt{x^2+5}}\,dx$ 　　　　　 (2) $\displaystyle \int \sqrt{x^2-6}\,dx$

(3) $\displaystyle \int \sqrt{9-x^2}\,dx$ 　　　　　 (4) $\displaystyle \int \sqrt{9-4x^2}\,dx$

☕ーヒーブレイク

不定積分の公式　関数 $f(x)$ が区間 $[c,x]$ でつねに正のとき, この区間で $y=f(x)$ のグラフと x 軸ではさまれる図形の面積を $S(x)$ とすると, $S'(x)=f(x)$ である. したがって, $f(x)$ の不定積分は, $\displaystyle \int f(x)\,dx = S(x)+C$ である.

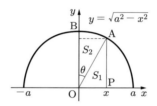

　このことを利用して, $\sqrt{a^2-x^2}$ (a は正の定数) の不定積分を考えよう. $y=\sqrt{a^2-x^2}$ のグラフは, 原点を中心とする半径 a の円の $y\geqq 0$ の部分である. ここで, 区間 $[0,x]$ で円と x 軸ではさまれた部分の面積は, $\triangle$OAP の面積 S_1 と扇形 OAB の面積 S_2 の和である.

　三角形部分の面積 $S_1(x)$ は

$$S_1(x) = \frac{1}{2}x\sqrt{a^2-x^2}$$

である. また, 角 θ は $\sin\theta = \dfrac{x}{a}$ を満たすから, 扇形部分の面積 $S_2(x)$ は

$$S_2(x) = \frac{1}{2}a^2\theta = \frac{1}{2}a^2\sin^{-1}\frac{x}{a}$$

である. 求める面積 $S(x)$ は, これらの和であるから

$$\int \sqrt{a^2-x^2}\,dx = S(x)+C = \frac{1}{2}\left(x\sqrt{a^2-x^2}+a^2\sin^{-1}\frac{x}{a}\right)+C$$

となる.

練習問題 7

[1] 次の不定積分を求めよ.

(1) $\displaystyle\int \frac{(3x^2-2)^2}{x}\,dx$

(2) $\displaystyle\int \sqrt[3]{(2x+1)^2}\,dx$

(3) $\displaystyle\int (e^x+e^{-x})^3\,dx$

(4) $\displaystyle\int (4\cos 2x - 5\sin 3x)\,dx$

[2] 次の不定積分を求めよ.

(1) $\displaystyle\int \cos x(1+\sin x)\,dx$

(2) $\displaystyle\int \frac{x^3}{\sqrt{(x^4+2)^3}}\,dx$

(3) $\displaystyle\int \frac{(\log x)^3}{x}\,dx$

(4) $\displaystyle\int \frac{x-12}{(x-2)(x+3)}\,dx$

(5) $\displaystyle\int \frac{x^5+x^2}{x^6+2x^3+3}\,dx$

(6) $\displaystyle\int \frac{\cos 2x}{1+\sin 2x}\,dx$

[3] ( ) 内に指定された公式を用いて, 次の不定積分を求めよ.

(1) $\displaystyle\int \cos^2 x\,dx$ （半角の公式）

(2) $\displaystyle\int \cos^3 x\,dx$ $(\cos^2 x = 1 - \sin^2 x)$

[4] 次の問いに答えよ.

(1) $\dfrac{2x^2-5x-3}{(x-1)^2(x+1)} = \dfrac{a}{(x-1)^2} + \dfrac{b}{x-1} + \dfrac{c}{x+1}$ となる定数 a,b,c を求めよ.

(2) 不定積分 $\displaystyle\int \frac{2x^2-5x-3}{(x-1)^2(x+1)}\,dx$ を求めよ

[5] 次の不定積分を求めよ.

(1) $\displaystyle\int x^2 e^{-x}\,dx$

(2) $\displaystyle\int x\tan^{-1} x\,dx$

(3) $\displaystyle\int x^3 \log x\,dx$

(4) $\displaystyle\int x(\log x)^2\,dx$

[6] a, b を 0 でない定数とするとき, 次の公式が成り立つことを証明せよ.

(1) $\displaystyle\int e^{ax}\sin bx\,dx = \frac{e^{ax}}{a^2+b^2}(a\sin bx - b\cos bx) + C$

(2) $\displaystyle\int e^{ax}\cos bx\,dx = \frac{e^{ax}}{a^2+b^2}(a\cos bx + b\sin bx) + C$

8　定積分

8.1　定積分

区分求積法による面積　　曲線や直線によって囲まれる図形の面積を求める.

関数 $f(x)$ は閉区間 $[a, b]$ で連続で, $f(x) \geqq 0$ であるとする. このとき, $y = f(x)$ のグラフと x 軸および 2 直線 $x = a$, $x = b$ によって囲まれる図形の面積 S を求める.

まず, 区間 $[a, b]$ を n 等分する点を

$$a = a_0 < a_1 < a_2 < \cdots < a_{n-1} < a_n = b$$

とする. $\Delta x = a_k - a_{k-1}$ とし, 小区間 $[a_{k-1}, a_k]$ 内に任意に点 x_k を選び, 高さが $f(x_k)$, 幅が Δx の長方形を作る (図 1). この長方形の面積は $f(x_k)\Delta x$ であるから (図 2), n 個の長方形の面積の和は

$$\sum_{k=1}^{n} f(x_k)\,\Delta x = f(x_1)\Delta x + f(x_2)\Delta x + \cdots + f(x_n)\Delta x \qquad \cdots\cdots ①$$

となる. 分割数 n を限りなく大きくして分割を限りなく細かくしていくと, この長方形の面積の和 ① は求める図形の面積に限りなく近づいていく. すなわち, ① の, $n \to \infty$ としたときの極限値

$$\lim_{n\to\infty} \sum_{k=1}^{n} f(x_k)\,\Delta x \qquad \cdots\cdots ②$$

が求める図形の面積 S である. このように, 区間を分割し, 和の極限値として面積や体積などを求める方法を**区分求積法**という.

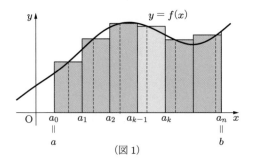
（図 1）

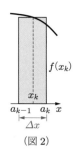
（図 2）

■ **定積分**　前ページの②は，$f(x) \geqq 0$ でない場合でも考えることができる．極限値 ② が区間 $[a,b]$ の分割の仕方や小区間の点 x_k の選び方によらず存在するとき，関数 $f(x)$ は区間 $[a,b]$ において**積分可能**であるという．このとき極限値②を $f(x)$ の $x = a$ から $x = b$ までの**定積分**といい，

$$\int_a^b f(x)\,dx$$

という記号で表す．関数 $f(x)$ が区間 $[a,b]$ で連続ならば，この区間で積分可能であることが知られている．

8.1　定積分

関数 $f(x)$ の $x = a$ から $x = b$ までの定積分を，次の極限値として定める．

$$\int_a^b f(x)\,dx = \lim_{n \to \infty} \sum_{k=1}^n f(x_k)\,\Delta x$$

　定積分を求めることを，関数 $f(x)$ を $x = a$ から $x = b$ まで積分するといい，a, b をそれぞれ定積分の**下端**，**上端**という．不定積分のときと同様に，関数 $f(x)$ を**被積分関数**，変数 x を積分変数という．

■ **速さを表す関数の定積分**　速さと距離の例によって，改めて定積分の意味を考えよう．一定の速さ v [km/h] で t 時間だけ動いたとき，移動した距離 S [km] は

$$S = vt \quad （速さ \times 時間）$$

である．距離 S は，速さを表すグラフと時間軸で囲まれた長方形の面積で表される（図 1）．また，時間ごとに速さが図 2 のように変化するときは，時間ごとに「速さ × 時間 ＝ 距離」となるから，距離 S は長方形の面積の和として表される．さらに，速さ $v(t)$ が連続的に変わるときには，距離 S は，長方形の面積「速さ × 時間 ＝ 距離」の和の，時間の分割を限りなく細かくしたときの極限値となるから，速さの関数 $v = v(t)$ のグラフが作る図形の面積となる（図 3）．これが定積分の考え方である．

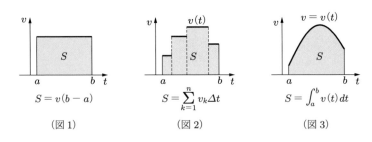

$$S = v(b-a)$$
（図 1）

$$S = \sum_{k=1}^{n} v_k \Delta t$$
（図 2）

$$S = \int_a^b v(t)\,dt$$
（図 3）

note　積分記号 $\int$ は sum（和）の頭文字 S を変形したものであり，インテグラル（integral）は「すべてを合計したもの」という意味がある．領域を細い長方形に分割して，そのひとつひとつの面積を算出し，それらを「すべて合計して」領域の面積を表したものが定積分である．よって，定積分は

$$\text{面積} = \text{「高さ } f(x)\text{」} \times \text{「幅 } dx\text{」の総和}$$

と解釈できる．

定積分の計算　$f(x)$ の原始関数を $F(x)$ とする．区分求積法の分割された区間 $[a_{k-1}, a_k]$ と $F(x)$ に対して，平均値の定理を適用する．$\Delta F_k = F(a_k) - F(a_{k-1})$ とおくと，$F'(x) = f(x)$ であるから，

$$\Delta F_k = f(x_k)\Delta x, \quad a_{k-1} \leqq x_k \leqq a_k \quad (k = 1, 2, \ldots, n)$$

となる x_k が存在する．これらの式を $k = 1$ から $k = n$ まで加えると，

$$\sum_{k=1}^{n} f(x_k)\Delta x = \Delta F_1 + \Delta F_2 + \cdots + \Delta F_n$$

$$= \{F(a_1) - F(a_0)\} + \{F(a_2) - F(a_1)\} + \cdots + \{F(a_n) - F(a_{n-1})\}$$

$$= F(a_n) - F(a_0)$$

となる．$a_0 = a$, $a_n = b$ であるから，この式で $n \to \infty$ とすれば，

$$\int_a^b f(x)\,dx = F(b) - F(a)$$

が成り立つ．ここで，$F(b) - F(a)$ を $\left[\, F(x) \,\right]_a^b$ と表すことにすれば，次の**微分積分学の基本定理**が成り立つ．

8.2　微分積分学の基本定理

$F(x)$ を $f(x)$ の原始関数とするとき，次が成り立つ.

$$\int_a^b f(x)\,dx = \Big[\ F(x)\ \Big]_a^b$$

$f(x)$ の不定積分は $F(x) + C$ であるが，定積分の計算においては，原始関数としてどんな積分定数 C を選んでも同じである．実際，

$$\Big[\ F(x) + C\ \Big]_a^b = (F(b) + C) - (F(a) + C) = F(b) - F(a) = \Big[\ F(x)\ \Big]_a^b$$

となるからである.

例 8.1　　不定積分を求めることができれば，定積分を計算することができる.

(1)　$\displaystyle\int x^4\,dx = \frac{1}{5}x^5 + C$ から

$$\int_1^2 x^4\,dx = \Big[\ \frac{1}{5}x^5\ \Big]_1^2 = \frac{1}{5}\cdot 2^5 - \frac{1}{5}\cdot 1^5 = \frac{31}{5}$$

(2)　$\displaystyle\int e^{3x}\,dx = \frac{1}{3}e^{3x} + C$ から

$$\int_0^1 e^{3x}\,dx = \frac{1}{3}\Big[\ e^{3x}\ \Big]_0^1 = \frac{1}{3}\left(e^3 - e^0\right) = \frac{1}{3}\left(e^3 - 1\right)$$

問8.1　次の定積分を求めよ.

(1)　$\displaystyle\int_0^1 x\sqrt{x}\,dx$　　　　(2)　$\displaystyle\int_1^e \frac{1}{x}\,dx$　　　　(3)　$\displaystyle\int_0^\pi \sin x\,dx$

(4)　$\displaystyle\int_1^2 (3x-2)^2\,dx$　　　(5)　$\displaystyle\int_0^\pi \cos 2x\,dx$

▶**定積分と微分**　　定積分においては，積分変数としてどんな文字を用いてもかまわない．たとえば

$$\int_0^1 x^2\,dx = \Big[\ \frac{1}{3}x^3\ \Big]_0^1 = \frac{1}{3}, \quad \int_0^1 t^2\,dt = \Big[\ \frac{1}{3}t^3\ \Big]_0^1 = \frac{1}{3}$$

である．いま，微分積分学の基本定理において，積分変数を t として，x を上端とする定積分を考えれば

$$\int_a^x f(t)\,dt = \Big[\,F(t)\,\Big]_a^x = F(x) - F(a)$$

となって，この定積分は x の関数である．これを x で微分すれば，

$$\frac{d}{dx}\int_a^x f(t)\,dt = (F(x) - F(a))' = F'(x) = f(x)$$

が成り立つ．したがって，定積分と微分の間には次のような関係がある．

> ### 8.3　定積分と微分
>
> $$\frac{d}{dx}\int_a^x f(t)\,dt = f(x)$$

$f(x) \geqq 0$ のとき，関数 $y = f(x)$ のグラフと x 軸の間にある図形の，区間 $[a, x]$ に対応する部分の面積 $S(x)$ は $S'(x) = f(x)$ を満たすことを学んだ [→ 7.1 節「面積を表す関数」]．したがって，$f(x)$ の原始関数 $F(x)$ を 1 つ選ぶと，図形の面積は $S(x) = F(x) + C$ と表すことができる．区間 $[a, x]$ の下端 $x = a$ では $S(a) = 0$ であるから，$0 = F(a) + C$ となり $C = -F(a)$ である．したがって，

$$S(x) = F(x) - F(a) = \int_a^x f(t)\,dt$$

となる．このように図形の面積は定積分を計算することで求められる．

8.2　定積分の拡張とその性質

定積分の定義の拡張　　これまで，定積分 $\displaystyle\int_a^b f(x)\,dx$ は $a < b$ の場合だけを考えてきた．ここで，任意の定数 a, b に対して，

$$\int_a^a f(x)\,dx = 0, \quad \int_a^b f(x)\,dx = -\int_b^a f(x)\,dx$$

と定める．このように定めると，$a \geqq b$ であっても，

$$\int_a^b f(x)\,dx = -\int_b^a f(x)\,dx$$

$$= -\Big[\,F(x)\,\Big]_b^a = -\{F(a) - F(b)\} = \Big[\,F(x)\,\Big]_a^b$$

となって，定理 **8.2** が成り立つ.

例 8.2　　$\displaystyle\int_\pi^\pi \sin x\, dx = 0, \qquad \int_2^1 x^2\, dx = \left[\ \dfrac{1}{3}x^3\ \right]_2^1 = \dfrac{1}{3}(1^3 - 2^3) = -\dfrac{7}{3}$

問8.2　次の定積分を求めよ.

(1)　$\displaystyle\int_2^2 x^2\, dx$　　　　　(2)　$\displaystyle\int_1^{-1} e^{-x}\, dx$　　　　　(3)　$\displaystyle\int_4^0 \sqrt{x}\, dx$

■ **定積分の性質**　　$F(x),\ G(x)$ を，それぞれ $f(x),\ g(x)$ の原始関数とする.
k を定数とするとき，$\{kF(x)\}' = kF'(x) = kf(x)$ であるから，

$$\int_a^b k\, f(x)\, dx = \left[\ kF(x)\ \right]_a^b$$

$$= kF(b) - kF(a) = k\left[\ F(x)\ \right]_a^b = k\int_a^b f(x)\, dx$$

が成り立つ. また，

$$\{F(x) \pm G(x)\}' = F'(x) \pm G'(x) = f(x) \pm g(x) \quad (複号同順)$$

であるから，

$$\int_a^b \{f(x) \pm g(x)\}\, dx = \left[\ F(x) \pm G(x)\ \right]_a^b$$

$$= \{F(b) \pm G(b)\} - \{F(a) \pm G(a)\}$$

$$= \{F(b) - F(a)\} \pm \{G(b) - G(a)\}$$

$$= \left[\ F(x)\ \right]_a^b \pm \left[\ G(x)\ \right]_a^b$$

$$= \int_a^b f(x)\, dx \pm \int_a^b g(x)\, dx \quad (複号同順)$$

が成り立つ. したがって，次の定積分の線形性が得られる.

8.4　定積分の線形性

(1)　$\displaystyle\int_a^b kf(x)\, dx = k\int_a^b f(x)\, dx$　　$(k$ は定数$)$

(2)　$\displaystyle\int_a^b \{f(x) \pm g(x)\}\, dx = \int_a^b f(x)\, dx \pm \int_a^b g(x)\, dx$　　$(複号同順)$

また，$F(x)$ を $f(x)$ の原始関数とすると，

$$\int_a^c f(x)\,dx + \int_c^b f(x)\,dx = \Big[\,F(x)\,\Big]_a^c + \Big[\,F(x)\,\Big]_c^b$$

$$= \{F(c) - F(a)\} + \{F(b) - F(c)\}$$

$$= F(b) - F(a) = \Big[\,F(x)\,\Big]_a^b = \int_a^b f(x)\,dx$$

となる．したがって，次の**定積分の加法性**が成り立つ．

8.5　定積分の加法性

任意の実数 a, b, c に対して，次の式が成り立つ．

$$\int_a^c f(x)\,dx + \int_c^b f(x)\,dx = \int_a^b f(x)\,dx$$

---

note　$f(x) \geqq 0$, $a < c < b$ であるとき，定理 8.5 は，
図のように $x = c$ で区切られた図形の面積の和が全体の
図形の面積に等しいことを述べている．この定理は $a, b,$
c の大小関係によらずに成り立つ．

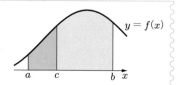

例 8.3　　定積分の線形性を用いれば，次のように計算することができる．

$$\int_1^3 (x^2 - 3x + 2)\,dx = \int_1^3 x^2\,dx - 3\int_1^3 x\,dx + 2\int_1^3 dx$$

$$= \Big[\,\frac{1}{3}x^3\,\Big]_1^3 - 3\Big[\,\frac{1}{2}x^2\,\Big]_1^3 + 2\Big[\,x\,\Big]_1^3$$

$$= \frac{1}{3}(3^3 - 1^3) - \frac{3}{2}(3^2 - 1^2) + 2(3 - 1) = \frac{2}{3}$$

問8.3　次の定積分を求めよ．

(1) $\displaystyle\int_2^5 (3x^2 - 4x + 1)\,dx$

(2) $\displaystyle\int_0^\pi \left(\cos\frac{x}{2} - \sin 3x\right) dx$

(3) $\displaystyle\int_0^1 \left(x + \sqrt{x}\right)^2 dx$

(4) $\displaystyle\int_0^1 \left(e^{-x} + \frac{1}{x+1}\right) dx$

定積分と面積　　関数 $y = f(x)$ を区間 $[a,b]$ で連続な関数とするとき，関数 $f(x)$ のグラフと x 軸，2 直線 $x = a$, $x = b$ で囲まれる図形（図の青色の部分）の面積 S を求める.

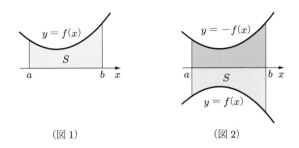

（図 1）　　　　　　　　　（図 2）

(1)　区間 $[a,b]$ で $f(x) \geqq 0$ のとき（図 1），定積分の定義から，S は $f(x)$ の定積分で求めることができる.

$$S = \int_a^b f(x)\,dx$$

(2)　区間 $[a,b]$ で $f(x) \leqq 0$ のとき（図 2），青色の部分の面積を求める. このとき，$-f(x) \geqq 0$ となり，$f(x)$ と $-f(x)$ は x 軸に関して対称であるから，S は $-f(x)$ の定積分で求めることができる.

$$S = \int_a^b \{-f(x)\}\,dx$$

2 つの場合をまとめると，$f(x)$ の符号にかかわらず，求める図形の面積は次のように表すことができる.

$$S = \int_a^b |f(x)|\,dx$$

例題 8.1　　**曲線と軸が囲む図形の面積**

次の曲線や直線によって囲まれる図形の面積を求めよ.

(1)　曲線 $y = 2 + \cos x$, 直線 $x = 2\pi$ および x 軸，y 軸

(2)　曲線 $y = x^2 - 2x$ と x 軸

解　(1)　任意の x に対して $2 + \cos x > 0$ であるから，求める図形の面積 S は，

$$S = \int_0^{2\pi} (2 + \cos x)\,dx$$

$$= 2\Big[\ x\ \Big]_0^{2\pi} + \Big[\ \sin x\ \Big]_0^{2\pi} = 2\,(2\pi - 0) + (\sin 2\pi - \sin 0) = 4\pi$$

である（図 1）.

(2) $x^2 - 2x = 0$ となるのは $x = 0,\,2$ のときであるから, 曲線 $y = x^2 - 2x$ は点 $(0,0)$, $(2,0)$ で x 軸と交わる. 区間 $[0,2]$ で $x^2 - 2x \leqq 0$ であるから, 求める図形の面積 S は

$$S = \int_0^2 \{-(x^2 - 2x)\}\,dx = -\Big[\ \frac{1}{3}x^3\ \Big]_0^2 + \Big[\ x^2\ \Big]_0^2 = -\frac{1}{3}\cdot 2^3 + 2^2 = \frac{4}{3}$$

である（図 2）.

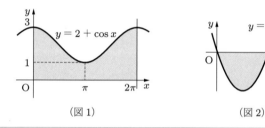

（図 1）　　　　　　　　　　　（図 2）

問8.4　次の図形の面積を求めよ.

(1) 曲線 $y = \sin x$ $(0 \leqq x \leqq \pi)$ と x 軸によって囲まれる図形

(2) 曲線 $y = \dfrac{1}{x}$ と x 軸および 2 直線 $x = -3$, $x = -1$ によって囲まれる図形

(8.3) 定積分の置換積分法

定積分の置換積分法　関数 $F(x)$ を $f(x)$ の原始関数とすると, 不定積分の置換積分法によって

$$\int f(g(x))g'(x)\,dx = \int f(t)\,dt = F(t) + C = F(g(x)) + C$$

となる. ここで,

$$x = a \quad \text{のとき} \quad t = g(a) = \alpha$$
$$x = b \quad \text{のとき} \quad t = g(b) = \beta$$

として $\alpha,\,\beta$ を定める. これらの値の対応関係を次のように表す場合がある.

$$\begin{array}{c|c} x & a \to b \\ \hline t & \alpha \to \beta \end{array}$$

$f(g(x))g'(x)$ を $x = a$ から $x = b$ まで積分すれば,

$$\int_a^b f(g(x))g'(x)dx = \Big[\ F(g(x))\ \Big]_a^b$$

$$= F(g(b)) - F(g(a)) = F(\beta) - F(\alpha) = \int_\alpha^\beta f(t)dt$$

となる.このようにして積分変数を置き換える方法を,**定積分の置換積分法**という.

8.6 定積分の置換積分法

$t = g(x)$ とおく.$g(a) = \alpha$, $g(b) = \beta$ のとき,次の式が成り立つ.

$$\int_a^b f(g(x))\,g'(x)\,dx = \int_\alpha^\beta f(t)\,dt$$

定積分の置換積分法では,変数の置き換えに伴って積分範囲が変わることに注意する.不定積分と同様に,$t = g(x)$ の微分は $dt = g'(x)dx$ であるから,$g'(x)dx$ を dt に置き換えた式になっている.

例題 8.2 定積分の置換積分 I ────────

次の定積分を求めよ.

(1) $\displaystyle\int_0^1 \sqrt{3x+1}\,dx$　　　　(2) $\displaystyle\int_0^2 \frac{x}{\sqrt{x^2+1}}\,dx$　　　　(3) $\displaystyle\int_e^{e^3} \frac{1}{x\log x}\,dx$

解 (1) $t = 3x + 1$ とおくと,その微分は $dt = 3\,dx$ となる.また,

$$x = 0 \quad \text{のとき} \quad t = 3 \cdot 0 + 1 = 1$$
$$x = 1 \quad \text{のとき} \quad t = 3 \cdot 1 + 1 = 4$$

であるから,求める定積分は次のようになる.

$$\int_0^1 \sqrt{3x+1}\,dx = \int_0^1 \sqrt{3x+1} \cdot \frac{1}{3} \cdot 3\,dx$$

$$= \frac{1}{3}\int_1^4 \sqrt{t}\,dt = \frac{1}{3}\int_1^4 t^{\frac{1}{2}}\,dt = \frac{1}{3}\Big[\ \frac{2}{3}t^{\frac{3}{2}}\ \Big]_1^4 = \frac{14}{9}$$

(2) $t = x^2 + 1$ とおくと $dt = 2x\,dx$ である.また,

$$x = 0 \quad \text{のとき} \quad t = 0^2 + 1 = 1$$
$$x = 2 \quad \text{のとき} \quad t = 2^2 + 1 = 5$$

であるから，求める定積分は次のようになる．

$$\int_0^2 \frac{x}{\sqrt{x^2 + 1}} \, dx = \int_0^2 \frac{1}{\sqrt{x^2 + 1}} \cdot \frac{1}{2} \cdot 2x \, dx$$
$$= \frac{1}{2} \int_1^5 \frac{1}{\sqrt{t}} \, dt = \frac{1}{2} \left[2\sqrt{t} \right]_1^5 = \sqrt{5} - 1$$

(3) $t = \log x$ とおくと $dt = \dfrac{1}{x} \, dx$ である．また，

$$x = e \quad \text{のとき} \quad t = \log e = 1$$
$$x = e^3 \quad \text{のとき} \quad t = \log e^3 = 3$$

であるから，求める定積分は次のようになる．

$$\int_e^{e^3} \frac{1}{x \log x} \, dx = \int_e^{e^3} \frac{1}{\log x} \cdot \frac{1}{x} \, dx = \int_1^3 \frac{1}{t} \, dt = \left[\log|t| \right]_1^3 = \log 3$$

---

note   (3) が不定積分であれば

$$\int \frac{1}{x \log x} \, dx = \int \frac{1}{\log x} \cdot \frac{1}{x} \, dx = \int \frac{1}{t} \, dt = \log|t| + C = \log|\log x| + C$$

となる．定積分では t に直接値を代入するので，t を $\log x$ に戻す必要はない．

問8.5　次の定積分を求めよ．

(1) $\displaystyle\int_0^2 (2x - 1)^3 \, dx$
(2) $\displaystyle\int_1^4 e^{2-x} \, dx$
(3) $\displaystyle\int_0^{\frac{\pi}{2}} \sin^3 x \cos x \, dx$

(4) $\displaystyle\int_0^1 \frac{e^x}{e^x + 1} \, dx$
(5) $\displaystyle\int_1^2 \frac{x^2}{x^3 + 1} \, dx$
(6) $\displaystyle\int_0^1 x e^{x^2} \, dx$

　置換積分では，$x = g(t)$ のように，x を他の文字で置き換える場合もある．このとき，t が α から β まで変化するとき，x が a から b まで変化するならば，

$$\int_a^b f(x) \, dx = \int_\alpha^\beta f(g(t)) \, g'(t) \, dt$$

が成り立つ．この式は x を $g(t)$，dx を x の微分 $g'(t)dt$ で置き換えたものである．

例題 8.3 　定積分の置換積分 II

a が正の定数のとき，定積分 $\displaystyle\int_0^a \sqrt{a^2 - x^2}\, dx$ の値を求めよ.

解　$x = a\sin\theta \left(0 \leqq \theta \leqq \dfrac{\pi}{2}\right)$ とおくと

$$x = 0 \text{ のとき}\quad \sin\theta = 0 \text{ であるから } \theta = 0$$

$$x = a \text{ のとき}\quad \sin\theta = 1 \text{ であるから } \theta = \frac{\pi}{2}$$

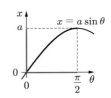

となる. また, $0 \leqq \theta \leqq \dfrac{\pi}{2}$ では $\cos\theta \geqq 0$ であるから,

$$\sqrt{a^2 - x^2} = \sqrt{a^2(1 - \sin^2\theta)} = \sqrt{a^2\cos^2\theta} = a\cos\theta$$

である. さらに, $dx = a\cos\theta\, d\theta$ であるから, 求める定積分は次のようになる.

$$\int_0^a \sqrt{a^2 - x^2}\, dx = \int_0^{\frac{\pi}{2}} a\cos\theta \cdot a\cos\theta\, d\theta$$

$$= a^2 \int_0^{\frac{\pi}{2}} \cos^2\theta\, d\theta$$

$$= a^2 \int_0^{\frac{\pi}{2}} \frac{1 + \cos 2\theta}{2}\, d\theta \quad \left[\text{半角の公式}\quad \cos^2\theta = \frac{1 + \cos 2\theta}{2}\right]$$

$$= \frac{a^2}{2}\left[\theta + \frac{1}{2}\sin 2\theta\right]_0^{\frac{\pi}{2}} = \frac{\pi a^2}{4}$$

---

note　$y = \sqrt{a^2 - x^2}$ の両辺を 2 乗して整理すると, $x^2 + y^2 = a^2$ となる. よって, 曲線 $y = \sqrt{a^2 - x^2}$ は, 原点を中心とする半径 a の円の $y \geqq 0$ の部分である. したがって, 定積分 $\displaystyle\int_0^a \sqrt{a^2 - x^2}\, dx$ の値は, 半径 a の円の面積 $(= \pi a^2)$ の $\dfrac{1}{4}$ を表している.

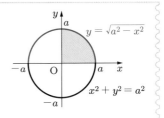

問8.6　a を正の定数とする. $x = a\sin\theta$ と置換することによって, 次の定積分を求めよ.

(1) $\displaystyle\int_{-a}^a \sqrt{a^2 - x^2}\, dx$ 　　　　　(2) $\displaystyle\int_0^{\frac{a}{2}} \frac{1}{\sqrt{a^2 - x^2}}\, dx$

8.4　定積分の部分積分法

定積分の部分積分法　　関数の積 $f(x)g(x)$ の導関数の公式は，

$$\{f(x)g(x)\}' = f'(x)g(x) + f(x)g'(x)$$

である．この両辺を $x = a$ から $x = b$ まで積分すると，

$$\int_a^b \{f(x)g(x)\}'\,dx = \int_a^b f'(x)g(x)\,dx + \int_a^b f(x)g'(x)\,dx$$

となる．この等式の左辺は

$$\int_a^b \{f(x)g(x)\}'\,dx = \Big[\,f(x)g(x)\,\Big]_a^b$$

であるから，右辺の第 2 項について表すと，次の**定積分の部分積分法**が得られる．

8.7　定積分の部分積分法

$$\int_a^b f(x)g'(x)\,dx = \Big[\,f(x)g(x)\,\Big]_a^b - \int_a^b f'(x)g(x)\,dx$$

例題 8.4　**定積分の部分積分 I**

定積分 $\displaystyle\int_0^{\frac{\pi}{2}} x\sin 2x\,dx$ の値を求めよ．

解　$\left(-\dfrac{1}{2}\cos 2x\right)' = \sin 2x$ であるから，次のように計算することができる．

$$\int_0^{\frac{\pi}{2}} x\sin 2x\,dx = \int_0^{\frac{\pi}{2}} x\left(-\frac{1}{2}\cos 2x\right)' dx$$

$$= \Big[\,x\cdot\left(-\frac{1}{2}\cos 2x\right)\,\Big]_0^{\frac{\pi}{2}} - \int_0^{\frac{\pi}{2}} (x)'\cdot\left(-\frac{1}{2}\cos 2x\right) dx$$

$$= -\frac{\pi}{4}\cos\pi + \frac{1}{2}\int_0^{\frac{\pi}{2}} \cos 2x\,dx$$

$$= \frac{\pi}{4} + \frac{1}{2}\Big[\,\frac{1}{2}\sin 2x\,\Big]_0^{\frac{\pi}{2}} = \frac{\pi}{4}$$

問8.7　次の定積分を求めよ.

(1) $\displaystyle\int_0^1 xe^{-x}\,dx$　　　　　　　　　(2) $\displaystyle\int_0^{\frac{\pi}{6}} x\cos 3x\,dx$

例題 8.5　定積分の部分積分 II ————————————————————

定積分 $\displaystyle\int_1^e \log x\,dx$ の値を求めよ.

解　$\log x = 1\cdot\log x = (x)'\cdot\log x$ であるから, 次のように計算することができる.

$$\int_1^e \log x\,dx = \int_1^e 1\cdot\log x\,dx$$

$$= \int_1^e (x)'\log x\,dx$$

$$= \Big[\,x\log x\,\Big]_1^e - \int_1^e x\cdot(\log x)'\,dx$$

$$= \Big[\,x\log x\,\Big]_1^e - \int_1^e x\cdot\frac{1}{x}\,dx$$

$$= (e\log e - 1\cdot\log 1) - \int_1^e dx = e - \Big[\,x\,\Big]_1^e = 1$$

問8.8　次の定積分を求めよ.

(1) $\displaystyle\int_1^e x\log x\,dx$　　　　　　　　(2) $\displaystyle\int_e^{e^3} x^2\log x\,dx$

(8.5) いろいろな関数の定積分

■偶関数・奇関数の定積分　偶関数と奇関数に対して, $x=-a$ から $x=a$ まで での定積分を考える. 定積分の加法性により, 任意の定数 a に対して,

$$\int_{-a}^a f(x)\,dx = \int_{-a}^0 f(x)\,dx + \int_0^a f(x)\,dx$$

が成り立つ. ここで, 右辺の第1項を計算する.

(1)　関数 $f(x)$ が偶関数のとき, $f(-x)=f(x)$ である. 右辺の第1項で $t=-x$ とおくと $dt=-dx$ であり, x が $-a$ から 0 まで変化すると, t は a から 0 ま

で変化する．定積分は積分変数によらないから，

$$\int_{-a}^{0} f(x)\,dx = \int_{a}^{0} f(-t)\,(-dt) = \int_{0}^{a} f(t)\,dt = \int_{0}^{a} f(x)\,dx$$

となる．よって，

$$\int_{-a}^{a} f(x)\,dx = \int_{0}^{a} f(x)dx + \int_{0}^{a} f(x)dx = 2\int_{0}^{a} f(x)\,dx$$

が成り立つ．

(2)　関数 $f(x)$ が奇関数のとき，$f(-x) = -f(x)$ が成り立つ．このとき，$t = -x$ とおくと $dt = -dx$ だから，(1) と同様にすると

$$\int_{-a}^{0} f(x)\,dx = -\int_{0}^{a} f(x)\,dx \quad \text{よって} \quad \int_{-a}^{a} f(x)\,dx = 0$$

が成り立つ．したがって，$x = -a$ から $x = a$ までの定積分に関して，次のことが成り立つ．

8.8　偶関数・奇関数の定積分

(1)　$f(x)$ が偶関数のとき，　　$\displaystyle\int_{-a}^{a} f(x)\,dx = 2\int_{0}^{a} f(x)\,dx$

(2)　$f(x)$ が奇関数のとき，　　$\displaystyle\int_{-a}^{a} f(x)\,dx = 0$

---

note　偶関数 $y = f(x)$ のグラフは y 軸について対称であり，定理 8.8 の (1) は，グラフと x 軸，$x = -a$, $x = a$ が囲む図形の，y 軸の両側の積分値が等しいことを表している．また，奇関数 $y = f(x)$ のグラフは原点について対称であり，(2) は y 軸の両側の積分値の符号が異なっていて，全体の積分値は両者が相殺されて 0 になることを表している．

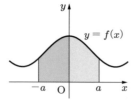

（図 1）$f(x)$ が偶関数の場合

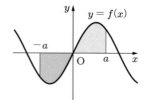

（図 2）$f(x)$ が奇関数の場合

例 8.4　(1)　$1, x^2$ は偶関数，x, x^3 は奇関数である．したがって，

$$\int_{-2}^{2}(1-x-x^2+x^3)\,dx = \int_{-2}^{2}dx - \int_{-2}^{2}x\,dx - \int_{-2}^{2}x^2\,dx + \int_{-2}^{2}x^3\,dx$$

$$= 2\int_{0}^{2}dx - 2\int_{0}^{2}x^2\,dx$$

$$= 2\Big[\,x\,\Big]_{0}^{2} - 2\Big[\,\frac{1}{3}x^3\,\Big]_{0}^{2} = -\frac{4}{3}$$

である．

(2)　$f(x) = \dfrac{4x}{x^2+1}$ とすると，$f(-x) = \dfrac{4(-x)}{(-x)^2+1} = -\dfrac{4x}{x^2+1} = -f(x)$ であるから，$f(x)$ は奇関数である．したがって，

$$\int_{-a}^{a}\frac{4x}{x^2+1}\,dx = 0$$

である．

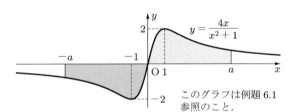

このグラフは例題 6.1 参照のこと．

問 8.9　次の定積分を求めよ．

(1)　$\displaystyle\int_{-1}^{1}(x^5 - 6x^3 + 6x^2 - 7x + 3)\,dx$　　(2)　$\displaystyle\int_{-\frac{\pi}{4}}^{\frac{\pi}{4}}(\cos x + \sin^3 x)\,dx$

(3)　$\displaystyle\int_{-1}^{1}\frac{x^3}{x^4+1}\,dx$　　　　　　　　　(4)　$\displaystyle\int_{-\pi}^{\pi}\sin^2 x\,dx$

■ **$\sin^n x, \cos^n x$ の定積分**　　0 以上の整数 n に対して，$I_n = \displaystyle\int_{0}^{\frac{\pi}{2}}\sin^n x\,dx$ とおき，これを求める．$n \geqq 2$ のとき，

$$\sin^n x = \sin^{n-1}x \cdot \sin x = \sin^{n-1}x \cdot (-\cos x)',$$

$$\big(\sin^{n-1}x\big)' = (n-1)\sin^{n-2}x\cos x$$

が成り立つ．これを用いて部分積分を行うと，

$$I_n = \int_0^{\frac{\pi}{2}} \sin^{n-1} x \cdot \sin x \, dx$$

$$= \int_0^{\frac{\pi}{2}} \sin^{n-1} x \cdot (-\cos x)' \, dx$$

$$= \Big[\sin^{n-1} x \cdot (-\cos x) \Big]_0^{\frac{\pi}{2}} - \int_0^{\frac{\pi}{2}} (n-1) \sin^{n-2} x \cdot \cos x \cdot (-\cos x) \, dx$$

$$= (n-1) \int_0^{\frac{\pi}{2}} \sin^{n-2} x \cos^2 x \, dx$$

$$= (n-1) \int_0^{\frac{\pi}{2}} \sin^{n-2} x (1 - \sin^2 x) \, dx$$

$$= (n-1) \int_0^{\frac{\pi}{2}} \sin^{n-2} x \, dx - (n-1) \int_0^{\frac{\pi}{2}} \sin^n x \, dx$$

$$= (n-1)I_{n-2} - (n-1)I_n$$

となる．右辺の第 2 項を左辺に移項すると，漸化式

$$nI_n = (n-1)I_{n-2} \quad \text{よって} \quad I_n = \frac{n-1}{n} I_{n-2}$$

が成り立つ．ここで，$n = 0, 1$ のときは，

$$I_0 = \int_0^{\frac{\pi}{2}} (\sin x)^0 \, dx = \int_0^{\frac{\pi}{2}} dx = \Big[x \Big]_0^{\frac{\pi}{2}} = \frac{\pi}{2},$$

$$I_1 = \int_0^{\frac{\pi}{2}} \sin x \, dx = \Big[-\cos x \Big]_0^{\frac{\pi}{2}} = 1$$

である．したがって，$n = 2$ から 7 のときは，それぞれ，

$$I_2 = \frac{1}{2} I_0 = \frac{1}{2} \cdot \frac{\pi}{2}, \qquad\qquad I_3 = \frac{2}{3} I_1 = \frac{2}{3} \cdot 1,$$

$$I_4 = \frac{3}{4} I_2 = \frac{3}{4} \cdot \frac{1}{2} \cdot \frac{\pi}{2}, \qquad I_5 = \frac{4}{5} I_3 = \frac{4}{5} \cdot \frac{2}{3} \cdot 1,$$

$$I_6 = \frac{5}{6} I_4 = \frac{5}{6} \cdot \frac{3}{4} \cdot \frac{1}{2} \cdot \frac{\pi}{2}, \quad I_7 = \frac{6}{7} I_5 = \frac{6}{7} \cdot \frac{4}{5} \cdot \frac{2}{3} \cdot 1$$

となる．一般に，n が自然数のとき，次が成り立つ．

$$I_n = \begin{cases} \dfrac{n-1}{n} \cdot \dfrac{n-3}{n-2} \cdot \cdots \cdot \dfrac{1}{2} \cdot \dfrac{\pi}{2} & (n \text{ が偶数}) \\[2mm] \dfrac{n-1}{n} \cdot \dfrac{n-3}{n-2} \cdot \cdots \cdot \dfrac{2}{3} \cdot 1 & (n \text{ が奇数}) \end{cases}$$

また，$\cos x = \sin\left(\dfrac{\pi}{2} - x\right)$ であるから，$t = \dfrac{\pi}{2} - x$ とおくことによって，

$$\int_0^{\frac{\pi}{2}} \cos^n x \, dx = \int_0^{\frac{\pi}{2}} \sin^n\left(\frac{\pi}{2} - x\right) dx = \int_{\frac{\pi}{2}}^0 \sin^n t \,(-dt) = \int_0^{\frac{\pi}{2}} \sin^n x \, dx$$

である．したがって，次の公式が得られる．

8.9　$\sin^n x,\ \cos^n x$ の定積分

$$\int_0^{\frac{\pi}{2}} \sin^n x \, dx = \int_0^{\frac{\pi}{2}} \cos^n x \, dx$$

$$= \begin{cases} \dfrac{n-1}{n} \cdot \dfrac{n-3}{n-2} \cdot \cdots \cdot \dfrac{1}{2} \cdot \dfrac{\pi}{2} & (n\ \text{が偶数}) \\[3mm] \dfrac{n-1}{n} \cdot \dfrac{n-3}{n-2} \cdot \cdots \cdot \dfrac{2}{3} \cdot 1 & (n\ \text{が奇数}) \end{cases}$$

---

note　$\displaystyle\int_0^{\frac{\pi}{2}} \cos^n x \, dx = \int_0^{\frac{\pi}{2}} \sin^n x \, dx$ であることは，$y = \cos^n x$, $y = \sin^n x$ のグラフからも確認することができる．n が偶数のときには図の青色の部分，奇数のときには灰色の部分の面積がそれぞれ等しい．

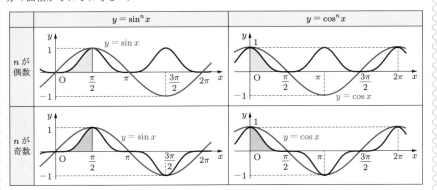

例 8.5　(1)　$\displaystyle\int_0^{\frac{\pi}{2}} \sin^6 x \, dx = \frac{5}{6} \cdot \frac{3}{4} \cdot \frac{1}{2} \cdot \frac{\pi}{2} = \frac{5\pi}{32}$

(2)　$\displaystyle\int_0^{\frac{\pi}{2}} \cos^7 x \, dx = \frac{6}{7} \cdot \frac{4}{5} \cdot \frac{2}{3} \cdot 1 = \frac{16}{35}$

例題 8.6 $\sin^n x$ の定積分 ─────────────────────────

$\displaystyle\int_0^\pi \sin^4 x\, dx$ の値を求めよ.

- -

解 $0 \leqq x \leqq \pi$ では $\sin x \geqq 0$ であり, $y = \sin x$ のグラフは直線 $x = \dfrac{\pi}{2}$ について対称であるから, $y = \sin^4 x$ のグラフも直線 $x = \dfrac{\pi}{2}$ について対称である. したがって, 求める定積分は次のように計算することができる.

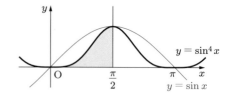

$$\int_0^\pi \sin^4 x\, dx = 2\int_0^{\frac{\pi}{2}} \sin^4 x\, dx = 2 \cdot \frac{3}{4} \cdot \frac{1}{2} \cdot \frac{\pi}{2} = \frac{3\pi}{8}$$

─── ✚

問 8.10 次の定積分を求めよ.

(1) $\displaystyle\int_0^{\frac{\pi}{2}} \sin^8 x\, dx$ 　　　　　　(2) $\displaystyle\int_0^{\frac{\pi}{2}} \cos^9 x\, dx$

(3) $\displaystyle\int_0^\pi \sin^5 x\, dx$ 　　　　　　(4) $\displaystyle\int_{-\frac{\pi}{2}}^{\frac{\pi}{2}} \cos^3 x\, dx$

(8.6) 数値積分

台形公式　　被積分関数の不定積分を求めることができれば, その定積分を求めることができる. しかし, 不定積分を求めることができない場合や, 求めることができてもその計算が煩雑な場合がある. そのようなときでも, 数値計算によって定積分の近似値を求めることができる.

8.1 節では $x = a$ から $x = b$ までの定積分は, 区間 $[a, b]$ の分割 (n 等分) を

$$a = a_0 < a_1 < a_2 < \cdots < a_{n-1} < a_n = b$$

として $\Delta x = a_k - a_{k-1}$ とするとき, 小区間 $[a_{k-1}, a_k]$ 内の任意の点 x_k を用いて

$$\int_a^b f(x)\, dx = \lim_{n \to \infty} \sum_{k=1}^n f(x_k)\Delta x = (\text{「高さ} \times \text{幅」の和の極限値})$$

として定義された. ここで, $y_k = f(a_k)\ (k = 0, 1, 2, \ldots, n)$ とおくと, 小区間

$[a_{k-1}, a_k]$ における面積は，右図のように台形の面積で近似できる．
この台形の面積は

$$\frac{1}{2}(y_{k-1} + y_k)\Delta x$$

であるから，この面積を合計することで，n が大きいとき定積分の
近似式として

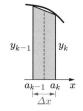

$$\int_a^b f(x)\,dx \fallingdotseq \sum_{k=1}^n \frac{1}{2}(y_{k-1} + y_k)\Delta x$$

$$= \left(\frac{y_0 + y_1}{2} + \frac{y_1 + y_2}{2} + \cdots + \frac{y_{n-1} + y_n}{2} \right)\Delta x$$

$$= \left\{ \frac{1}{2}(y_0 + y_n) + (y_1 + y_2 + \cdots + y_{n-1}) \right\}\Delta x$$

が得られる．これを台形公式という．

8.10 台形公式

区間 $[a, b]$ を n 等分してできる小区間の幅を Δx とするとき，次の式が成り立つ．

$$\int_a^b f(x)\,dx \fallingdotseq \left\{ \frac{1}{2}(y_0 + y_n) + (y_1 + y_2 + y_3 + \cdots + y_{n-1}) \right\}\Delta x$$

---

note 台形公式で得られる近似値と真の値との誤差を E とすると，区間 $[a, b]$ で $|f''(x)| \leqq M$ となる M に対して，$|E| \leqq \dfrac{M|b - a|^3}{12n^2}$ が成り立つことが知られている．

例 8.6 台形公式 $(n = 5)$ によって，定積分 $\displaystyle\int_0^1 \frac{1}{x^2 + 1}\,dx$
の値の近似値を小数第 3 位まで求める．$\Delta x = 0.2$ となるか
ら，$x_0 = 0.0,\ x_1 = 0.2,\ x_2 = 0.4,\ \ldots,\ x_5 = 1.0$ に対して，
$y_k = \dfrac{1}{(x_k)^2 + 1}$ を小数第 4 位まで計算すれば，右表が得られる．

x_k	y_k
0.0	1.0000
0.2	0.9615
0.4	0.8621
0.6	0.7353
0.8	0.6098
1.0	0.5000

したがって，台形公式による定積分の近似値は次のようになる．

$$\int_0^1 \frac{1}{x^2 + 1}\,dx$$

$$\fallingdotseq \left\{ \frac{1}{2}(1.0000 + 0.5000) + 0.9615 + 0.8621 + 0.7353 + 0.6098 \right\} \cdot 0.2$$

$$= 0.7837 \fallingdotseq 0.784$$

例 8.6 で n の値を大きくして台形公式を適用すると，$n = 10$ のとき 0.7850，$n = 20$ のとき 0.7853 となる．定積分の真の値は

$$\int_0^1 \frac{1}{x^2 + 1}\, dx = \Big[\ \tan^{-1} x\ \Big]_0^1$$
$$= \tan^{-1} 1 - \tan^{-1} 0 = \frac{\pi}{4} = 0.785398\cdots$$

であるから，n を大きくすると近似の精度が高まっていくことがわかる．

問8.11　台形公式によって，次の場合における定積分 $\displaystyle\int_0^1 \frac{1}{x+1}\, dx$ の近似値を小数第 3 位まで求めよ．

(1)　$n = 3$ 　　　　　　　　(2)　🖩 $n = 5$

---

note　問 8.11 で求めた値は，$\log 2 = 0.693147\cdots$ の近似値である．

■図形の面積の数値計算　台形公式の考え方を用いて図形の面積を求めよう．

例題 8.7 　図形の面積の数値計算 ―――――――――――――――――

図のような板の面積を求めるために，$\Delta x = 5\,[\text{cm}]$ ごとに板のたての長さ $y\,[\text{cm}]$（青線の長さ）を測り，その数値を表にした．この板の面積はおよそ何 cm^2 か．

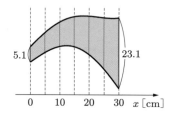

x	0	5	10	15	20	25	30
y	5.1	6.5	8.1	9.9	12.6	16.8	23.1

解　板の面積を S とすれば，台形公式によって

$$S \fallingdotseq \left\{ \frac{1}{2}(5.1 + 23.1) + 6.5 + 8.1 + 9.9 + 12.6 + 16.8 \right\} \cdot 5 = 340$$

となる．したがって，求める面積はおよそ $340\,\text{cm}^2$ である．

問8.12 ある川の川幅は 200 m である．この川の断面積を求めるため，20 m おきに岸からの距離 x [m] に対する水深 y [m] を測り，次の表を得た．これをもとに，水面下の川の断面積を求めよ．

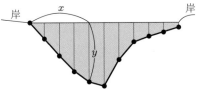

深さは幅の 10 倍の縮尺で描いてある．

岸からの距離 x [m]	0	20	40	60	80	100	120	140	160	180	200
水深 y [m]	0.0	2.1	4.3	6.2	7.6	8.1	4.9	2.5	1.8	1.3	0.8

☕ コーヒーブレイク

定積分で定義される関数 定積分を用いて

$$L(x) = \int_1^x \frac{1}{t}\, dt \quad (x > 0)$$

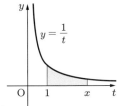

で定義される関数を考えると，$L(1) = 0$ である．

ここで，定積分の加法性 ［→定理 **8.5**］を利用して

$$L(ab) = \int_1^{ab} \frac{1}{t}\, dt = \int_1^a \frac{1}{t}\, dt + \int_a^{ab} \frac{1}{t}\, dt$$

と変形すると，第 1 項は $L(a)$ である．第 2 項で $t = as$ として置換積分を行うと $dt = a\, ds$ であり，s の積分範囲は 1 から b までであるので，第 2 項は

$$\int_a^{ab} \frac{1}{t}\, dt = \int_1^b \frac{1}{as}\, a\, ds = \int_1^b \frac{1}{s}\, ds = \int_1^b \frac{1}{t}\, dt = L(b)$$

である．したがって，$L(ab) = L(a) + L(b)$ が成り立つ．実は，この関数 $L(x)$ は対数関数 $\log x$ を定積分を用いて定義したものであり，対数関数の他の性質もすべて満たしていることを証明することができる．

練習問題 8

[1] 次の定積分を求めよ.

(1) $\displaystyle\int_0^1 (\sqrt{x}+1)^2 \, dx$　　　　(2) $\displaystyle\int_1^2 \frac{x^2+1}{x} \, dx$　　　　(3) $\displaystyle\int_0^2 e^{2x-1} \, dx$

[2] 次の定積分を求めよ.

(1) $\displaystyle\int_0^{\sqrt{3}} 3x\sqrt{x^2+1} \, dx$　　(2) $\displaystyle\int_0^{\frac{\pi}{2}} \frac{\cos x}{1+\sin x} \, dx$　　(3) $\displaystyle\int_1^e \frac{(\log x)^4}{x} \, dx$

[3] 次の定積分を求めよ.

(1) $\displaystyle\int_0^1 xe^{2x-1} \, dx$　　　　(2) $\displaystyle\int_0^\pi 3x\sin 2x \, dx$　　　(3) $\displaystyle\int_1^e x^3 \log x \, dx$

(4) $\displaystyle\int_0^1 x^2 e^x \, dx$　　　　(5) $\displaystyle\int_0^{\frac{\pi}{2}} e^x \sin x \, dx$　　　(6) $\displaystyle\int_0^{\sqrt{3}} \tan^{-1} x \, dx$

[4] 次の曲線や直線によって囲まれた図形の面積を求めよ.

(1) 放物線 $y=8+2x-x^2$ と x 軸

(2) 曲線 $y=\log x$ と x 軸および直線 $x=e$

(3) 曲線 $y=\begin{cases} -(x-1)^2+4 & (x \geqq 0) \\ -(x+1)^2+4 & (x<0) \end{cases}$ と x 軸

(4) 曲線 $y=x(x+2)(x-2)$ と x 軸

[5] $x=2\tan\theta \left(-\dfrac{\pi}{2}<\theta<\dfrac{\pi}{2}\right)$ と置換することによって，定積分 $\displaystyle\int_0^2 \frac{1}{\left(4+x^2\right)^2} \, dx$ を求めよ.

[6] 次の定積分を求めよ.

(1) $\displaystyle\int_0^{2\pi} \sin x \, dx$　　　　　　　　(2) $\displaystyle\int_0^\pi \cos^4 x \, dx$

(3) $\displaystyle\int_0^{\frac{3\pi}{2}} \cos^5 x \, dx$　　　　　　　(4) $\displaystyle\int_0^{2\pi} \sin^4 x \cos^2 x \, dx$

[7] ▦ 台形公式 $(n=5)$ を用いて，$\displaystyle\int_0^{\frac{\pi}{2}} \sqrt{\sin x} \, dx$ の値を小数第 2 位まで求めよ.

9 定積分の応用

9.1 面積

曲線によって囲まれる図形の面積　関数 $f(x)$, $g(x)$ は区間 $[a, b]$ において連続で，つねに $f(x) \geqq g(x)$ であるとする．このとき，2 曲線 $y = f(x)$, $y = g(x)$ と 2 直線 $x = a$, $x = b$ とで囲まれる図形の面積 S を求めよう（図 1）．

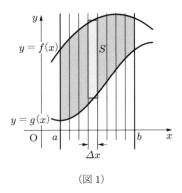

（図 1）

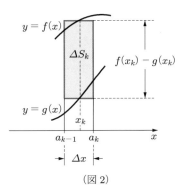

（図 2）

8.1 節と同様に，区間 $[a, b]$ を n 等分した点 a_k と分割された小区間の幅 Δx を，それぞれ

$$a = a_0 < a_1 < a_2 < \cdots < a_n = b, \quad \Delta x = \frac{b - a}{n}$$

とする．k 番目の小区間 $[a_{k-1}, a_k]$ に含まれる任意の点を x_k とし，

$$\Delta S_k = \{f(x_k) - g(x_k)\} \Delta x$$

とすると，ΔS_k は図 2 に示した長方形の面積である．この長方形の面積の総和の $n \to \infty$ としたときの極限値が求める面積 S である．したがって，

$$S = \lim_{n \to \infty} \sum_{k=1}^{n} \{f(x_k) - g(x_k)\} \Delta x$$

である．右辺は関数 $f(x) - g(x)$ の $x = a$ から $x = b$ までの定積分であるから [→定義 8.1]，次のことが成り立つ．

9.1　曲線によって囲まれる図形の面積

　区間 $[a, b]$ でつねに $f(x) \geqq g(x)$ であるとき，2 曲線 $y = f(x)$, $y = g(x)$ と 2 直線 $x = a$, $x = b$ とで囲まれた図形の面積を S とすると，S は次のようになる．

$$S = \int_a^b \{f(x) - g(x)\}\, dx$$

例題 9.1　曲線によって囲まれる図形の面積

次の曲線や直線によって囲まれる図形の面積を求めよ．

(1)　曲線 $y = 2\sqrt{x+1}$ と直線 $y = x + 1$

(2)　曲線 $y = \sin x$, $y = \cos x$ $(0 \leqq x \leqq \pi)$ および 2 直線 $x = 0$, $x = \pi$

解　(1)　2 つの曲線の交点の x 座標は，方程式

$$2\sqrt{x+1} = x + 1$$

の解 $x = -1, 3$ である．$-1 \leqq x \leqq 3$ では $2\sqrt{x+1} \geqq x+1$ であるから，求める面積 S は次のようになる．

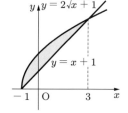

$$S = \int_{-1}^{3} \left\{ 2\sqrt{x+1} - (x+1) \right\} dx$$

$$= \left[2 \cdot \frac{2}{3}(x+1)^{\frac{3}{2}} - \left(\frac{1}{2}x^2 + x \right) \right]_{-1}^{3} = \frac{8}{3}$$

(2)　2 つの曲線 $y = \sin x$, $y = \cos x$ は，$x = \dfrac{\pi}{4}$ で交わり，

$$0 \leqq x \leqq \frac{\pi}{4} \quad \text{のとき} \quad \cos x \geqq \sin x$$

$$\frac{\pi}{4} \leqq x \leqq \pi \quad \text{のとき} \quad \sin x \geqq \cos x$$

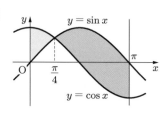

である．したがって，求める面積 S は次のようになる．

$$S = \int_0^{\frac{\pi}{4}} (\cos x - \sin x)\, dx + \int_{\frac{\pi}{4}}^{\pi} (\sin x - \cos x)\, dx$$

$$= \left[\sin x + \cos x \right]_0^{\frac{\pi}{4}} + \left[-\cos x - \sin x \right]_{\frac{\pi}{4}}^{\pi} = 2\sqrt{2}$$

問9.1 次の曲線や直線によって囲まれる図形の面積を求めよ.

(1) 曲線 $y = e^x$, $y = e^{-x}$ および直線 $x = 1$

(2) 放物線 $y = x^2$ および直線 $y = -x + 2$

(3) 曲線 $y = x^3$ および直線 $y = x$

(9.2) 体積

■ 立体の体積　立体の体積を求める場合も, 区分求積法が利用できる.

　下図のような立体があり, 点 x で x 軸に垂直な平面で切断したときの断面積が, 区間 $[a, b]$ において連続な関数 $S(x)$ で表されているとする. この立体の $x = a$ から $x = b$ の間の部分の体積 V を求める.

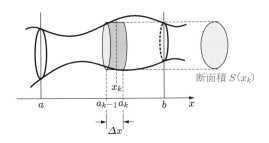

断面積 $S(x_k)$

　区間 $[a, b]$ を n 等分した点 a_k と分割された小区間の幅 Δx を, それぞれ

$$a = a_0 < a_1 < a_2 < \cdots < a_n = b, \quad \Delta x = \frac{b - a}{n}$$

とする. k 番目の小区間 $[a_{k-1}, a_k]$ に含まれる任意の点を x_k とし,

$$\Delta V_k = S(x_k)\, \Delta x$$

とすると, ΔV_k は底面積 $S(x_k)$, 高さ Δx の柱体の体積である. この体積の総和の, $n \to \infty$ としたときの極限値が求める体積 V である. したがって,

$$V = \lim_{n \to \infty} \sum_{k=1}^{n} S(x_k)\, \Delta x$$

である. 右辺は関数 $S(x)$ の $x = a$ から $x = b$ までの定積分であるから, 次のことが成り立つ.

9.2　立体の体積

立体を x 軸に垂直な平面で切断したときの断面積を $S(x)$ とする．この立体の，$x = a$ から $x = b$ $(a < b)$ の間にある部分の体積 V は，次のようになる．

$$V = \int_a^b S(x)\,dx$$

例題 9.2　**立体の体積** ─────────────

　ある立体の底面は線分 AB を直径とする半径 a の円で，AB に垂直な平面で立体を切断したときの断面はつねに正三角形である．この立体の体積 V を求めよ．

解　底面をおく平面上で点 A, B を A$(-a, 0)$, B$(a, 0)$ となるように座標軸をとる．図のように，x 軸上の点 x において，x 軸に垂直な平面で立体を切ったときの断面（青色の部分）は，1 辺の長さ $2\sqrt{a^2 - x^2}$ の正三角形となる．この正三角形の高さは $\sqrt{3}\sqrt{a^2 - x^2}$ であるから，断面積 $S(x)$ は

$$S(x) = \frac{1}{2} \cdot 2\sqrt{a^2 - x^2} \cdot \sqrt{3}\sqrt{a^2 - x^2} = \sqrt{3}\left(a^2 - x^2\right)$$

となる．$S(x)$ は偶関数であるから，求める立体の体積 V は，次のようになる．

$$V = \int_{-a}^{a} S(x)\,dx$$

$$= 2\int_0^a \sqrt{3}\left(a^2 - x^2\right)dx = 2\sqrt{3}\left[\,a^2 x - \frac{1}{3}x^3\,\right]_0^a = \frac{4}{3}\sqrt{3}\,a^3$$

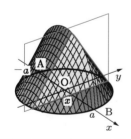
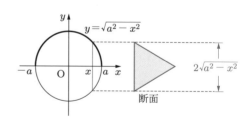

問9.2　ある容器に深さ x [m] まで水を入れたときの水面は，つねに 1 辺の長さが $\sin x$ [m] の正方形になる．この容器に，深さ $\dfrac{\pi}{2}$ [m] まで水を入れたときの水の体積を求めよ．

回転体の体積　曲線 $y = f(x)$ $(a \leq x \leq b)$ と x 軸および2直線 $x = a$, $x = b$ で囲まれた図形を，x 軸のまわりに回転してできる回転体の体積を求めよう.

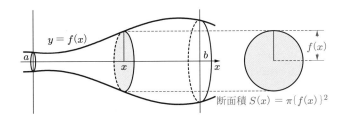

断面積 $S(x) = \pi\{f(x)\}^2$

　この回転体を，点 $(x, 0)$ を通り x 軸に垂直な平面で切ったときの断面は，半径が $f(x)$ の円であるから，その断面積は $S(x) = \pi\{f(x)\}^2$ である．したがって，この回転体の体積は次のようになる.

9.3　回転体の体積

曲線 $y = f(x)$ $(a \leq x \leq b)$ と x 軸および2直線 $x = a$, $x = b$ で囲まれた図形を，x 軸のまわりに回転してできる回転体の体積 V は，次のようになる.

$$V = \pi \int_a^b y^2 \, dx = \pi \int_a^b \{f(x)\}^2 \, dx$$

例題 9.3　**回転体の体積**

$a > 0, b > 0$ とするとき，楕円 $\dfrac{x^2}{a^2} + \dfrac{y^2}{b^2} = 1$ を x 軸のまわりに回転してできる回転体の体積を求めよ.

解　楕円の方程式は $y^2 = \dfrac{b^2}{a^2}(a^2 - x^2)$ と書き直すことができる．したがって，求める立体の体積 V は次のようになる.

$$
\begin{aligned}
V &= \pi \int_{-a}^{a} y^2 \, dx \\
&= 2\pi \int_0^a y^2 \, dx \quad \text{［図形の対称性］} \\
&= 2\pi \int_0^a \frac{b^2}{a^2}(a^2 - x^2) \, dx \\
&= 2\pi \frac{b^2}{a^2} \int_0^a (a^2 - x^2) \, dx = \frac{4}{3}\pi ab^2
\end{aligned}
$$

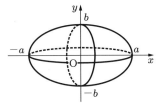

> note　　例題 9.3 で $a = b$ のとき，この回転体は原点を中心とする球になる．したがって，半径 a の球の体積は $\dfrac{4}{3}\pi a^3$ である．

問 9.3　次の曲線や直線で囲まれた図形を x 軸のまわりに回転してできる回転体の体積を求めよ．

(1)　曲線 $y = \sqrt{x}$，直線 $x = 4$ および x 軸

(2)　曲線 $y = \cos x \left(-\dfrac{\pi}{2} \leqq x \leqq \dfrac{\pi}{2} \right)$ および x 軸

(3)　曲線 $y = e^x$，直線 $x = 1$ および x 軸，y 軸

⑨.3　位置と速度

位置と速度　　数直線上を運動する点 P があり，時刻 t における点 P の位置を $x(t)$，速度を $v(t)$，加速度を $\alpha(t)$ とする．このとき，速度は位置の導関数として，また，加速度は速度の導関数として，それぞれ

$$v(t) = \frac{dx}{dt}, \quad \alpha(t) = \frac{dv}{dt} = \frac{d^2 x}{dt^2}$$

と表される ［→定理 **6.5**］．積分変数を s として，それぞれを 0 から t まで積分すれば，

$$\int_0^t v(s)\, ds = \int_0^t \frac{dx}{ds}\, ds = \Big[\, x(s) \,\Big]_0^t = x(t) - x(0),$$

$$\int_0^t \alpha(s)\, ds = \int_0^t \frac{dv}{ds}\, ds = \Big[\, v(s) \,\Big]_0^t = v(t) - v(0)$$

となって，速度から位置が，加速度から速度が求められる．

9.4　位置と速度

数直線上を運動している点 P の時刻 t における位置を $x(t)$，速度を $v(t)$，加速度を $\alpha(t)$ とすれば，次の式が成り立つ．

$$x(t) = x(0) + \int_0^t v(s)\, ds, \quad v(t) = v(0) + \int_0^t \alpha(s)\, ds$$

例題 9.4 数直線上の点の運動

数直線上を運動する点の時刻 $t\,[\mathrm{s}]$ における加速度が $\alpha(t) = 1 - t\,[\mathrm{m/s^2}]$ で表されているとき,次の問いに答えよ.

(1) 時刻 t における速度 $v(t)\,[\mathrm{m/s}]$ を求めよ.ただし,$v(0) = 0$ とする.

(2) 時刻 t における位置 $x(t)\,[\mathrm{m}]$ を求めよ.ただし,$x(0) = 1$ とする.

(3) 最初に向きを変える時刻 t,および,そのときの点の位置を求めよ.

解 (1) $\displaystyle v(t) = v(0) + \int_0^t \alpha(s)\,ds = 0 + \int_0^t (1-s)\,ds = t - \frac{t^2}{2}\,[\mathrm{m/s}]$

(2) $\displaystyle x(t) = x(0) + \int_0^t v(s)\,ds = 1 + \int_0^t \left(s - \frac{s^2}{2}\right)\,ds = 1 + \frac{t^2}{2} - \frac{t^3}{6}\,[\mathrm{m}]$

(3) 向きを変える可能性があるのは $v(t) = 0$ となるときである.$v(t) = t - \dfrac{t^2}{2} = 0$ の解は $t = 0, 2$ であり,$0 < t < 2$ のとき $v(t) > 0$,$t > 2$ のとき $v(t) < 0$ であるから,最初に向きを変えるのは $t = 2\,[\mathrm{s}]$ のときである.そのときの位置は,$x(2) = 1 + \dfrac{4}{2} - \dfrac{8}{6} = \dfrac{5}{3}\,[\mathrm{m}]$ である.

問9.4 高さ $24.5\,\mathrm{m}$ の地点から,初速度 $19.6\,\mathrm{m/s}$ で真上に投げられたボールについて,次の問いに答えよ.ただし,ボールの加速度は $\alpha(t) = -9.8\,[\mathrm{m/s^2}]$ であるとする.

(1) t 秒後のボールの速度 $v(t)\,[\mathrm{m/s}]$ を求めよ.

(2) t 秒後のボールの高さ $x(t)\,[\mathrm{m}]$ を求めよ.

(3) このボールは投げられてから何秒後に最高点に達するか.また,最高点の高さを求めよ.

(4) このボールは投げられてから何秒後に地面に落下するか.

🄲ーヒーブレイク

定積分で表される量　$f(x)$ の定積分は「$f(x)$ と dx の積の和」のことである．したがって，積で表される量の公式の多くは定積分を用いて表すことができる．体積 = 断面積×幅，走行距離 = 速度×時間，仕事 = 力×距離，総雨量 = 雨量×時間などである．

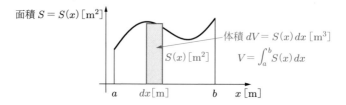

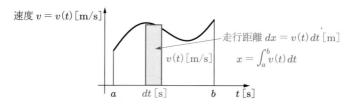

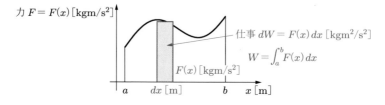

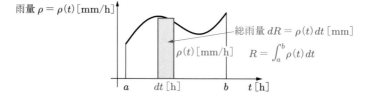

練習問題 9

[1] 次の曲線や直線によって囲まれる図形の面積を求めよ.

(1) 放物線 $y = x^2$ と直線 $y = 2x + 3$

(2) 曲線 $y = e^{-x}$, 2 直線 $y = x + 1$, $x = 1$

(3) 曲線 $y = \sin x\ (0 \leqq x \leqq \pi)$, 直線 $y = \dfrac{1}{2}$

(4) 曲線 $y = x(x - 1)(x + 2)$ および x 軸

[2] 次の回転体の体積を積分を用いて表し, その値を求めよ.

(1) 曲線 $y = \sin x\ (0 \leqq x \leqq \pi)$ と x 軸とで囲まれた図形を x 軸のまわりに回転してできる回転体

(2) a を $a > 1$ を満たす定数とするとき, 連立不等式 $1 \leqq x \leqq a,\ 0 \leqq y \leqq \dfrac{1}{x}$ で表される図形を x 軸のまわりに回転してできる回転体

(3) 曲線 $y = \sqrt{x}$, 直線 $y = 2$, および y 軸で囲まれた図形を x 軸のまわりに回転してできる回転体

[3] 楕円 $\dfrac{x^2}{a^2} + \dfrac{y^2}{b^2} = 1\ (a > 0,\ b > 0)$ を y 軸のまわりに回転してできる回転体の体積 V が $\dfrac{4}{3}\pi a^2 b$ であることを証明せよ.

[4] x 軸上を運動している点 P の時刻 t における加速度 $\alpha(t)$ が

$$\alpha(t) = -r\omega^2 \cos \omega t \quad (r,\ \omega \text{ は定数})$$

と表されている. 時刻 t における速度を $v(t)$, 位置を $x(t)$ とするとき, 次の問いに答えよ.

(1) $v(0) = 0$ であるとき, 速度 $v(t)$ を求めよ.

(2) $v(0) = 0$, $x(0) = r$ であるとき, 位置 $x(t)$ を求めよ.

[5] 曲線 $y = x^2$ と直線 $y = x$ で囲まれた図形を D とするとき, 次の回転体の体積を求めよ.

(1) D を x 軸のまわりに回転してできる回転体

(2) D を y 軸のまわりに回転してできる回転体

音の解析　—定積分—

　音は，さまざまな三角関数の組み合わせで表現することができる．一般に，T 秒ごとに同じ状態に戻る関数，つまり周期 T の周期関数は

$$f(t) = 2a_0 + a_1 \sin \frac{2\pi t}{T} + b_1 \cos \frac{2\pi t}{T} + a_2 \sin \frac{4\pi t}{T} + b_2 \cos \frac{4\pi t}{T}$$

$$+ a_3 \sin \frac{6\pi t}{T} + b_3 \cos \frac{6\pi t}{T} + \cdots + a_n \sin \frac{2n\pi t}{T} + b_n \cos \frac{2n\pi t}{T} + \cdots$$

と表現できる．ここで，$\sin \dfrac{2n\pi t}{T}, \cos \dfrac{2n\pi t}{T}$ は，1 秒あたり $\dfrac{n}{T}$ 回振動する．この値を周波数という．たとえば，ノイズキャンセリングを行うには，特定の周波数の音の強さを知る必要があり，$f(t)$ から係数 a_n, b_n の値を求めなければならない．a_n, b_n は $f(t)$ のフーリエ係数とよばれ，応用数学で学ぶことになるが，それらの値は定積分を計算すると求めることができる．

　実際，$\sin \dfrac{2m\pi t}{T}, \cos \dfrac{2m\pi t}{T}$ の 0 から T までの定積分は 0 であるので

$$a_0 = \frac{1}{2T} \int_0^T f(t) \, dt$$

である．また，$m, n \geqq 1$ のときは，三角関数の積を和・差に直す公式により

$$\int_0^T \sin \frac{2m\pi t}{T} \cos \frac{2n\pi t}{T} \, dt = \frac{1}{2} \int_0^T \left(\sin \frac{2(m+n)\pi t}{T} + \sin \frac{2(m-n)\pi t}{T} \right) \, dt$$
$$= 0$$

が成り立つ．同様の公式を用いると，

$$\int_0^T \sin \frac{2m\pi t}{T} \sin \frac{2n\pi t}{T} \, dt = \int_0^T \cos \frac{2m\pi t}{T} \cos \frac{2n\pi t}{T} \, dt = \begin{cases} \dfrac{T}{2} & (m = n) \\ 0 & (m \neq n) \end{cases}$$

も成り立つ．したがって，$f(t)$ に $\sin \dfrac{2m\pi t}{T}$ や $\cos \dfrac{2m\pi t}{T}$ をかけて 0 から T まで積分することにより，係数 a_n, b_n は

$$a_n = \frac{2}{T} \int_0^T f(t) \sin \frac{2n\pi t}{T} \, dt$$

$$b_n = \frac{2}{T} \int_0^T f(t) \cos \frac{2n\pi t}{T} \, dt$$

を計算することで求めることができる．定積分の計算は，このような身近なところでも必要とされている．

いくつかの公式の証明

A1　正弦関数の極限値

> ### A1.1　正弦関数の極限値
> $$\lim_{\theta \to 0} \frac{\sin \theta}{\theta} = 1$$

証明　$0 < \theta < \dfrac{\pi}{2}$ とする．図のように，原点 O を中心とする半径 1，中心角 θ の扇形 OAB を考え，点 A における円の接線 AC と直線 OB の交点を C とする．

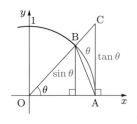

図より，三角形 OAB，扇形 OAB，三角形 OAC の面積について，不等式

$$\triangle\mathrm{OAB} < 扇形\ \mathrm{OAB} < \triangle\mathrm{OAC}$$

が成り立つ．それぞれの面積を求めることにより，

$$\frac{1}{2}\sin\theta < \frac{1}{2}\theta < \frac{1}{2}\tan\theta$$

である．ここで，$\tan\theta = \dfrac{\sin\theta}{\cos\theta}$ であり，$0 < \theta < \dfrac{\pi}{2}$ のとき $\sin\theta > 0$ であるから，各辺を $\dfrac{1}{2}\sin\theta$ で割ると，

$$1 < \frac{\theta}{\sin\theta} < \frac{1}{\cos\theta}$$

が成り立つ．これらの逆数をとることにより，

$$\cos\theta < \frac{\sin\theta}{\theta} < 1$$

となる．$-\dfrac{\pi}{2} < \theta < 0$ のときは $0 < -\theta < \dfrac{\pi}{2}$ であり，$\dfrac{\sin(-\theta)}{-\theta} = \dfrac{-\sin\theta}{-\theta} = \dfrac{\sin\theta}{\theta}$，$\cos(-\theta) = \cos\theta$ であるから，この不等式は $-\dfrac{\pi}{2} < \theta < 0$ のときも成り立つ．$\theta \to 0$ のとき $\cos\theta \to 1$ であるから，はさみうちの原理［練習問題 3[6]］によって次が成り立つ．

$$\lim_{\theta \to 0} \frac{\sin\theta}{\theta} = 1$$

証明終

A2　平均値の定理

関数 $y = f(x)$ は区間 $[a, b]$ で連続であるとする．このとき，次の**最大値・最小値の原理**が成り立つ．

A2.1　最大値・最小値の原理

閉区間 $[a, b]$ で連続な関数 $y = f(x)$ は，その区間で最大値と最小値をとる．

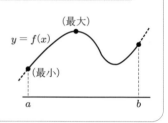

最大値・最小値の原理を用いて，次の**ロルの定理**を証明しよう．

A2.2　ロルの定理

関数 $f(x)$ は閉区間 $[a, b]$ で連続，開区間 (a, b) で微分可能であるとする．$f(a) = f(b)$ であれば，

$$f'(c) = 0 \quad (a < c < b)$$

を満たす c が少なくとも 1 つ存在する．

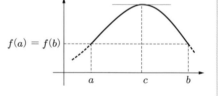

証明　$y = f(x)$ が定数関数であれば，区間 (a, b) に含まれるすべての c で $f'(c) = 0$ を満たす．次に，$f(x)$ が定数関数でないとする．微分可能であれば連続であるから，最大値・最小値の原理により，$f(x)$ は $a < x < b$ で最大値または最小値をとる．いま，$x = c$ で最大値をとるものとすれば，十分小さな h に対して $f(c + h) \leq f(c)$ であるから，

$$\text{(i) } h > 0 \text{ のとき} \quad \frac{f(c+h) - f(c)}{h} \leq 0,$$

$$\text{(ii) } h < 0 \text{ のとき} \quad \frac{f(c+h) - f(c)}{h} \geq 0$$

である．(i)から $h \to +0$ とすると $f'(c) \leq 0$，(ii)から $h \to -0$ とすると $f'(c) \geq 0$ となるので，$f'(c) = 0$ が成り立つ．$x = c$ で最小値をとる場合も同様に証明できる．**証明終**

ロルの定理を，必ずしも $f(a) = f(b)$ ではない場合に一般化したものが，次の平均値の定理である．

A2.3 平均値の定理

関数 $f(x)$ は閉区間 $[a, b]$ で連続，開区間 (a, b) で微分可能であるとする．このとき，

$$f'(c) = \frac{f(b) - f(a)}{b - a} \quad (a < c < b)$$

を満たす c が少なくとも 1 つ存在する．

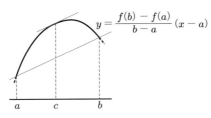

証明 $y = f(x)$ のグラフ上の 2 点 $(a, f(a))$, $(b, f(b))$ を通る直線の方程式は $y = \dfrac{f(b) - f(a)}{b - a}(x - a) + f(a)$ である．これと $y = f(x)$ の差を考えて，関数 $F(x)$ を

$$F(x) = f(x) - f(a) - \frac{f(b) - f(a)}{b - a}(x - a)$$

とおく．$F(x)$ は (a, b) で微分可能である．さらに，

$$F(a) = f(a) - f(a) - \frac{f(a) - f(a)}{b - a}(a - a) = 0,$$

$$F(b) = f(b) - f(a) - \frac{f(b) - f(a)}{b - a}(b - a) = 0$$

であるから，$F(a) = F(b)$ が成り立つ．$F'(x) = f'(x) - \dfrac{f(b) - f(a)}{b - a}$ であるから，ロルの定理によって $F'(c) = 0$, すなわち，

$$f'(c) = \frac{f(b) - f(a)}{b - a} \quad (a < c < b)$$

を満たす c が少なくとも 1 つ存在する． 証明終

問・練習問題の解答

第1章

第1節の問

1.1 (1) $a_1 = 1,\ a_2 = 6,\ a_3 = 15,\ a_{10} = 190$

(2) $a_1 = -\dfrac{1}{2},\ a_2 = \dfrac{1}{4},\ a_3 = -\dfrac{1}{8},\ a_{10} = \dfrac{1}{1024}$

(3) $a_1 = \dfrac{1}{4},\ a_2 = \dfrac{1}{3},\ a_3 = \dfrac{3}{8},\ a_{10} = \dfrac{5}{11}$

1.2 ある項からその次の項を作る規則, ( ) に入る数, 一般項の順に示す.

(1) 4 を加える. 20, 24. $a_n = 4n$

(2) 2 倍する. 32, 64. $a_n = 2^{n-1}$

(3) -1 倍する. 1, -1. $a_n = (-1)^{n-1}$

(4) 分母を 3 倍し, 分子に 2 を加える. $\dfrac{10}{243},\ \dfrac{4}{243}$. $a_n = \dfrac{2n}{3^n}$

1.3 (1) $a_n = 5n - 4$ (2) $a_n = -3n + 8$

1.4 (1) $a = 1,\ d = 3,\ a_n = 3n - 2$ (2) $a = 23,\ d = -2,\ a_n = -2n + 25$

1.5 (1) 120   (2) 96

1.6 (1) $r = 2,\ a_n = 3 \cdot 2^{n-1}$ (2) $r = -1,\ a_n = 2 \cdot (-1)^{n-1}$

(3) $r = \dfrac{1}{2},\ a_n = \dfrac{1}{2^{n-1}}$ (4) $r = -\dfrac{1}{2},\ a_n = \dfrac{(-1)^{n-1}}{2^{n-4}}$

1.7 (1) $a_n = -\dfrac{1}{2^{n-2}}$ (2) $r = 3$ のとき $a_n = 3^{n-1}$, $r = -3$ のとき $a_n = (-3)^{n-1}$

1.8 (1) 129   (2) $\dfrac{255}{8}$

1.9 (1) $(3 \cdot 0 + 5) + (3 \cdot 1 + 5) + (3 \cdot 2 + 5)$ (2) $3 \cdot 2^0 + 3 \cdot 2^1 + 3 \cdot 2^2$

(3) $3(3 + 2) + 4(4 + 2) + 5(5 + 2)$

1.10 (1) $\displaystyle\sum_{k=1}^{11} 2^{11-k}$ (2) $\displaystyle\sum_{k=1}^{99} \dfrac{k}{k+1}$

1.11 (1) $\dfrac{n(n-1)}{2}$ (2) 2485   (3) 1196

1.12 (1) $\dfrac{n(5n-9)}{2}$ (2) $\dfrac{n(n+1)(2n+5)}{2}$ (3) $\dfrac{n(n+1)(n^2+n-4)}{4}$

1.13 $\dfrac{n}{2n+1}$

1.14 (1) $a_1 = 2,\ a_2 = 4,\ a_3 = 10,\ a_4 = 28,\ a_5 = 82$

(2) $a_1 = 1,\ a_2 = -1,\ a_3 = 3,\ a_4 = -5,\ a_5 = 11$

1.15 (1) $a_n = 5 \cdot 2^{n-1} - 3$ (2) $a_n = 4 \cdot (-3)^{n-1} + 1$

1.16 (1) (i) $n = 1$ のとき，左辺 $= 1$，右辺 $= 1$ となって，与えられた命題は成り立つ．
(ii) $n = k$ のときに成り立つと仮定すると，

$$1 + 2 + 3 + \cdots + k = \frac{1}{2}k(k+1)$$

である．この式の両辺に $(k+1)$ を加えると，

$$1 + 2 + 3 + \cdots + k + (k+1) = \frac{1}{2}k(k+1) + (k+1)$$

となる．右辺を変形すると，

$$1 + 2 + 3 + \cdots + (k+1) = \frac{1}{2}(k+1)\{(k+1) + 1\}$$

となるから，$n = k+1$ のときも与えられた命題が成り立つ．(i)，(ii)より，数学的帰納法によって，すべての自然数について，命題が成り立つ．
(2) (i) $n = 1$ のとき，左辺 $= 2$，右辺 $= 2$ となって，与えられた命題は成り立つ．
(ii) $n = k$ のときに成り立つと仮定すると，

$$1 \cdot 2 + 2 \cdot 3 + 3 \cdot 4 + \cdots + k(k+1) = \frac{k(k+1)(k+2)}{3}$$

である．この式の両辺に $(k+1)(k+2)$ を加えると，

$$1 \cdot 2 + 2 \cdot 3 + 3 \cdot 4 + \cdots + k(k+1) + (k+1)(k+2) = \frac{k(k+1)(k+2)}{3} + (k+1)(k+2)$$

となる．右辺を変形すると，

$$1 \cdot 2 + 2 \cdot 3 + 3 \cdot 4 + \cdots + (k+1)(k+2) = \frac{(k+1)\{(k+1) + 1\}\{(k+1) + 2\}}{3}$$

となるから，$n = k+1$ のときも与えられた命題が成り立つ．(i)，(ii)より，数学的帰納法によって，すべての自然数について，命題が成り立つ．

練習問題 1

[1] (1) $a_n = 4n - 9$ (2) $a_n = \dfrac{n+1}{4}$ (3) $a_n = -3n + 13$

[2] $n = 25$

[3] (1) $a_n = (-2)^{n-1}$ (2) -512 (3) 第 12 項

[4] (1) $a_n = 2^{n-4}$ (2) $r = \dfrac{1}{2}$ のとき $a_n = \dfrac{1}{2^{n-3}}$, $r = -\dfrac{1}{2}$ のとき $\dfrac{(-1)^{n-1}}{2^{n-3}}$

(3) $r = -3$ のとき $a_n = 2 \cdot (-3)^{n-1}$, $r = 2$ のとき $a_n = 2^n$

[5] (1) $\displaystyle\sum_{k=1}^{9} k(k+1) = 330$ (2) $\displaystyle\sum_{k=1}^{8} k(k+1)(k+2) = 1980$

[6] 展開式 $(k+1)^4 - k^4 = 4k^3 + 6k^2 + 4k + 1$ を，$k = 1$ から $k = n$ まで加えると

$$(n+1)^4 - 1^4 = 4\sum_{k=1}^{n} k^3 + 6\sum_{k=1}^{n} k^2 + 4\sum_{k=1}^{n} k + \sum_{k=1}^{n} 1$$

$$= 4 \cdot \sum_{k=1}^{n} k^3 + 6 \cdot \frac{n(n+1)(2n+1)}{6} + 4 \cdot \frac{n(n+1)}{2} + n$$

よって $\displaystyle\sum_{k=1}^{n} k^3 = \frac{1}{4}\left\{(n+1)^4 - 1 - n(n+1)(2n+1) - 2n(n+1) - n\right\}$

$$= \frac{n^2(n+1)^2}{4} = \left\{\frac{n(n+1)}{2}\right\}^2$$

[7]　(1) $\dfrac{1}{2}\left(\dfrac{1}{k} - \dfrac{1}{k+2}\right)$　　　　　　(2) $\dfrac{175}{264}$

[8]　(1) $a_5 = 12$,　$a_6 = -20$　　　　　(2) $a_5 = \dfrac{8}{15}$,　$a_6 = \dfrac{5\pi}{32}$

[9]　(i) $n=1$ のとき，左辺 $=1$，右辺 $=1$ となって，与えられた公式は成り立つ.
(ii) $n=k$ のときに成り立つと仮定すると，

$$1^2 + 2^2 + 3^2 + \cdots + k^2 = \frac{k(k+1)(2k+1)}{6}$$

である．両辺に $(k+1)^2$ を加えると，

$$1^2 + 2^2 + 3^2 + \cdots + k^2 + (k+1)^2 = \frac{k(k+1)(2k+1)}{6} + (k+1)^2$$

となる．右辺を変形すると

$$\frac{k(k+1)(2k+1)}{6} + (k+1)^2 = \frac{(k+1)(2k^2 + k + 6k + 6)}{6}$$
$$= \frac{(k+1)(k+2)(2k+3)}{6}$$
$$= \frac{(k+1)\{(k+1)+1\}\{2(k+1)+1\}}{6}$$

となるから，$n=k+1$ のときも公式は成り立つ．(i), (ii) より，数学的帰納法によって，すべての自然数 n について，公式が成り立つ.

第2節の問

2.1　(1) $\dfrac{5}{4}$　　　　　　　(2) -2　　　　　　　(3) 1

2.2　(1) $-\infty$ に発散　　　(2) 3 に収束　　　(3) 振動

2.3　(1) ∞ に発散　　　(2) 0 に収束　　　(3) 振動

2.4　(1) 1 に収束　　　(2) 0 に収束　　　(3) $-\infty$ に発散

2.5　(1) 発散する.　　　　　　　　　(2) 収束する．和は $\dfrac{1}{2}$

2.6　(1) 収束する．和は $\dfrac{27}{2}$　　(2) 収束する．和は $\dfrac{10}{3}$　　(3) 発散する.

2.7　(1) 1　　　　　　(2) $\dfrac{95}{99}$　　　　　　(3) $\dfrac{41}{333}$

2.8　(1) 収束する．和は $\dfrac{19}{4}$　　　　　(2) 収束する．和は $\dfrac{13}{3}$

練習問題2

[1]　(1) 0　　　　　　(2) $\dfrac{1}{3}$　　　　　(3) 2　　　　　(4) 3

[2]　(1) 0　　[通分する]

(2) 0　$\left[\text{分子・分母に } \sqrt{n+1} + \sqrt{n} \text{ をかけると，} \sqrt{n-1} - \sqrt{n} = \dfrac{1}{\sqrt{n+1}+\sqrt{n}}\right]$

[3] (1) $\dfrac{3}{4}$ $\left[\dfrac{1}{n(n+2)}=\dfrac{1}{2}\left(\dfrac{1}{n}-\dfrac{1}{n+2}\right)\right]$　　(2) $\dfrac{11}{18}$ $\left[\dfrac{1}{n(n+3)}=\dfrac{1}{3}\left(\dfrac{1}{n}-\dfrac{1}{n+3}\right)\right]$

[4] (1) 発散する　　　　　　　　　　(2) 収束する．和は $\dfrac{25}{4}$

　　(3) 収束する．和は $\dfrac{20}{7}$　　　　　(4) 収束する．和は $\dfrac{2+\sqrt{2}}{2}$

[5] $-\dfrac{1}{2}<x<\dfrac{1}{2}$ のとき収束し，その和は $\dfrac{1}{1+2x}$　［公比は $-2x$ である］

[6] (1) 2　　　　　　　(2) $\dfrac{3}{7}$　　　　　　　(3) $-\dfrac{5}{4}$

[7] 2 $\left[\displaystyle\sum_{k=1}^{n}k \text{ の公式を使い，部分分数分解を行う}\right]$

第3節の問

3.1 (1) $y=2^u,\ u=3x+2$　　　　　(2) $y=\dfrac{1}{u},\ u=3x+5$

3.2 $f(g(x))=\dfrac{1}{\sin x},\ g(f(x))=\sin\dfrac{1}{x}$

3.3 $y=\dfrac{1}{x}+3$

3.4 (1) $\dfrac{\pi}{6}$　(2) $-\dfrac{\pi}{2}$　(3) $\dfrac{3\pi}{4}$　(4) $\dfrac{\pi}{2}$　(5) $\dfrac{\pi}{6}$　(6) $-\dfrac{\pi}{4}$

3.5 (1) 5　　　　　　　　　　(2) 3

3.6 (1) $\dfrac{3}{2}$　　　(2) -3　　　(3) 0　　　(4) 0

3.7 (1) $-\infty$ に発散　(2) ∞ に発散　(3) 0 に収束　(4) 発散

3.8 (1) -1 に収束　　(2) ∞ に発散　　(3) 存在しない

3.9 $a=-5$

練習問題3

[1] (1) $-\dfrac{1}{16}$　　　　　　　　　(2) $\dfrac{1}{2}$

[2] (1) $\dfrac{3}{2}$ に収束　　(2) $-\infty$ に発散　　(3) 0 に収束

　　(4) 0 に収束　　(5) 1 に収束　　(6) 2 に収束

[3] (1) 1 に収束　　(2) 2 に収束　　(3) $-\infty$ に発散

　　(4) $-\infty$ に発散　　(5) ∞ に発散　　(6) ∞ に発散

[4] (1) 1　　　　　　(2) 0　　　　　　(3) -2

　　(4) 1 に収束　　(5) 0 に収束　　(6) 存在しない

[5] (1) 4　　　　　　　　　　(2) 1

[6] (1) $x\neq0$ のとき $-1\leqq\sin\dfrac{1}{x}\leqq1$, $x^2>0$ であるから，$-x^2\leqq x^2\sin\dfrac{1}{x}\leqq x^2$ となる．

　　$\displaystyle\lim_{x\to0}(-x^2)=\lim_{x\to0}x^2=0$ であるから，$\displaystyle\lim_{x\to0}x^2\sin\dfrac{1}{x}=0$ が成り立つ．

　　(2) $-1\leqq\cos x\leqq1$, $x^2+1>0$ であるから，$-\dfrac{1}{x^2+1}\leqq\dfrac{\cos x}{x^2+1}\leqq\dfrac{1}{x^2+1}$ となる．

　　$\displaystyle\lim_{x\to\infty}\left(-\dfrac{1}{x^2+1}\right)=\lim_{x\to\infty}\dfrac{1}{x^2+1}=0$ であるから，$\displaystyle\lim_{x\to\infty}\dfrac{\cos x}{x^2+1}=0$ が成り立つ．

第2章

第4節の問

4.1 (1) 3　　(2) $-\dfrac{1}{2(2+h)}\left[\dfrac{1}{h}\left(\dfrac{1}{2+h}-\dfrac{1}{2}\right)\text{でも可}\right]$　　(3) $\dfrac{\sqrt{a+h}-\sqrt{a}}{h}$

4.2 (1) 9　　　　　　　　　　　　　　(2) 3

4.3 (1) $(x)'=\displaystyle\lim_{h\to 0}\dfrac{(x+h)-x}{h}=\lim_{h\to 0}1=1$

(2) $\left(x^3\right)'=\displaystyle\lim_{h\to 0}\dfrac{(x+h)^3-x^3}{h}=\lim_{h\to 0}(3x^2+3xh+h^2)=3x^2$

4.4 (1) $y'=3x^2-8x$　　　　(2) $y'=-8x^3+3$　　　　(3) $y'=\dfrac{4x^3-2x}{5}$

4.5 (1) $\dfrac{ds}{dt}=-\dfrac{2}{3}t+6$　　(2) $\dfrac{dV}{dh}=\pi r^2$　　(3) $\dfrac{dV}{dr}=4\pi r^2$

4.6 (1) $f'(-1)=6$　　　　　　(2) $f'(-1)=9$

4.7 (1) $y=-3x-2$　　　　　　(2) $y=3x-9$

4.8 (1) $x=3$ のとき極大値 9

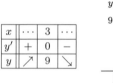

(2) $x=-1$ のとき極大値 $y=2$, $x=1$ のとき極小値 $y=-2$

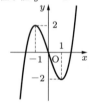

(3) $x=0$ のとき極大値 $y=2$, $x=\pm 2$ のとき極小値 $y=0$

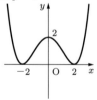

4.9 (1) $x=3$ のとき最大値 9, $x=\sqrt{2}$ のとき最小値 $-4\sqrt{2}$

(2) $x=0,3$ のとき最大値 2, $x=-2$ のとき最小値 -18

4.10 $x=\sqrt{3}, y=\sqrt{6}$ のとき, 最大値 $z=6\sqrt{3}$

練習問題 4

[1] (1) $y'=\displaystyle\lim_{h\to 0}\dfrac{(x+h)^4-x^4}{h}=\lim_{h\to 0}\left(4x^3+6x^2h+4xh^2+h^3\right)=4x^3$

(2) $y' = \lim_{h \to 0} \dfrac{\{2(x+h)^2 + 3(x+h) + 1\} - (2x^2 + 3x + 1)}{h}$

$\qquad = \lim_{h \to 0} (4x + 3 + 2h) = 4x + 3$

[2] (1) $y' = x^2 - x + 1$ $\qquad$ (2) $y' = \dfrac{2x+3}{5}$ $\qquad$ (3) $y' = 3x^2(4x+1)$

[3] (1) $\dfrac{dT}{ds} = 3ks^2$ $\quad$ (2) $\dfrac{dS}{dh} = 2\pi r$ $\quad$ (3) $\dfrac{dh}{dt} = gt + v_0$ $\quad$ (4) $\dfrac{dE}{dv} = mv$

[4] (1) $y = -4x + 3$ $\qquad\qquad$ (2) $y = 2x + 4$

[5] (1) $y = 2(a-1)x - a^2$ $\qquad\qquad$ (2) $y = 2x - 4,\ y = -6x - 4$

[6] (1) $x = -3$ のとき極大値 $y = 0$, $x = -1$ のとき極小値 $y = -2$

(2) $x = 3$ のとき極大値 $y = 17$

[7] (1) $x = -2$ のとき最大値 $y = 15$, $x = \dfrac{2}{3}$ のとき最小値 $-\dfrac{19}{3}$

$\quad$ (2) $x = 0,\ 3$ のとき最大値 $y = 5$, $x = -1,\ 2$ のとき最小値 $y = 1$

$\quad$ (3) $x = 2$ のとき最大値 $y = 2$, $x = -2$ のとき最小値 $y = -26$

$\quad$ (4) $x = 0$ のとき最大値 $y = 0$, $x = 1$ のとき最小値 $y = -23$

[8] $r = 20\,[\text{cm}]$ のとき最大値 $V = 8000\pi\,[\text{cm}^3]$ $\quad \left[\text{円柱の高さを } h \text{ とすると } \dfrac{60 - h}{r} = \dfrac{60}{30}\right]$

第5節の問

5.1 (1) $y' = 5 - \dfrac{3}{x^2}$ $\qquad\qquad\qquad$ (2) $y' = -\dfrac{2}{x^2} - \dfrac{3}{2\sqrt{x}}$

5.2 (1) $y' = 4x^3 - 3x^2 - 2x + 5$ $\qquad$ (2) $y' = \dfrac{9x+1}{2\sqrt{x}}$

5.3 (1) $y' = -\dfrac{5}{(5x+4)^2}$ $\qquad\qquad$ (2) $y' = -\dfrac{6x}{(x^2-1)^2}$

$\quad$ (3) $y' = \dfrac{-3(x^2-7)}{(x^2+7)^2}$ $\qquad\qquad$ (4) $y' = \dfrac{x^2 + 8x + 3}{(x^2 + x + 1)^2}$

5.4 (1) $y' = -\dfrac{3}{x^4}$ $\qquad\qquad\qquad$ (2) $y' = -\dfrac{2}{x^5}$

5.5 (1) $y' = 15(3x-1)^4$ $\quad$ (2) $y' = 24x(x^2+5)^3$ $\quad$ (3) $y' = \dfrac{5x}{\sqrt{x^2+1}}$

5.6 (1) $\dfrac{1}{4\sqrt[4]{x^3}}$ $\quad$ (2) $\dfrac{1}{2\sqrt[6]{(3x+2)^5}}$ $\quad$ (3) $\dfrac{6x-1}{5\sqrt[5]{x^4}}$ $\quad$ (4) $\dfrac{x+1}{2x\sqrt{x}}$

5.7 (1) $y' = \dfrac{2x}{1+x^2}$ $\qquad$ (2) $y' = \dfrac{2x}{x^2-4}$ $\qquad$ (3) $y' = \dfrac{1}{(2x+5)(x+3)}$

(4) $y' = 2x\log x + x$　　(5) $y' = \dfrac{1 - \log x}{x^2}$　　(6) $y' = \dfrac{3(\log x)^2}{x}$

5.8　(1) $y' = 3e^{3x+2}$　　(2) $y' = -3e^x(1 - e^x)^2$　　(3) $y' = \dfrac{e^x}{(1 + e^x)^2}$

(4) $y' = (-x^2 + 2x - 2)e^{-x}$　(5) $y' = -\dfrac{e^{-2x}}{\sqrt{1 + e^{-2x}}}$　　(6) $y' = \dfrac{e^x - e^{-x}}{e^x + e^{-x}}$

5.9　対数微分法による．$\log a^x = x\log a$ であるから，両辺を x で微分すると $\dfrac{(a^x)'}{a^x} = \log a$, し たがって，$(a^x)' = a^x \log a$ である．

5.10　(1) $y' = -6\sin 2x$　　(2) $y' = 3\sin^2 x\cos x$　　(3) $y' = -\dfrac{2\cos 2x}{(1 + \sin 2x)^2}$

(4) $y' = \dfrac{2\tan x}{\cos^2 x}$　　(5) $y' = e^{\sin x}\cos x$　　(6) $y' = -\dfrac{\sin x}{1 + \cos x}$

5.11　$y = \cos^{-1} x \ (-1 < x < 1)$ とすると，$x = \cos y \ (0 < y < \pi)$ である．y の範囲から $\sin y > 0$, したがって，

$$\frac{dy}{dx} = \frac{1}{\dfrac{dx}{dy}} = \frac{1}{-\sin y} = -\frac{1}{\sqrt{1 - \cos^2 y}} = -\frac{1}{\sqrt{1 - x^2}}$$

5.12　(1) $y' = \dfrac{1}{\sqrt{4 - x^2}}$　　　　　(2) $y' = \dfrac{3}{x^2 + 9}$

(3) $y' = \dfrac{2(1 + \sin^{-1} x)}{\sqrt{1 - x^2}}$　　　　(4) $y' = 2x\tan^{-1} x + 1$

5.13　(1) $\left(\sin^{-1}\dfrac{x}{a}\right)' = \dfrac{1}{\sqrt{1 - \left(\dfrac{x}{a}\right)^2}} \cdot \dfrac{1}{a} = \dfrac{1}{\sqrt{a^2 - x^2}}$

(2) $\left(\dfrac{1}{a}\tan^{-1}\dfrac{x}{a}\right)' = \dfrac{1}{a} \cdot \dfrac{1}{1 + \left(\dfrac{x}{a}\right)^2} \cdot \dfrac{1}{a} = \dfrac{1}{x^2 + a^2}$

練習問題 5

[1]　(1) $y' = -\dfrac{3}{(3x + 2)^2}$　　　　(2) $y' = \dfrac{-5x^2 - 8x + 15}{(x^2 + 3)^2}$

(3) $y' = \dfrac{2x}{3\sqrt[3]{(1 + x^2)^2}}$　　　　(4) $y' = -\dfrac{1}{5\sqrt{(2x + 1)^3}}$

(5) $y' = \dfrac{1}{\sqrt{(x^2 + 1)^3}}$　　　　(6) $y' = \dfrac{-(2x - 1)\sin x - 2\cos x}{(2x - 1)^2}$

(7) $y' = \dfrac{3x^2}{x^3 + 1}$　　　　(8) $y' = e^x(\sin 3x + 3\cos 3x)$

(9) $y' = \dfrac{\tan^{-1} x}{\cos^2 x} + \dfrac{\tan x}{x^2 + 1}$

[2]　(1) $y' = -\dfrac{5(2x - 3)}{(x^2 - 3x + 2)^6}$　(2) $y' = \dfrac{3x + 2}{\sqrt{3x^2 + 4x}}$　　(3) $y' = -\dfrac{2x - 3}{2\sqrt{(x^2 - 3x + 5)^5}}$

[3]　(1) $\dfrac{dE}{dr} = \dfrac{GMm}{r^2}$　　　　(2) $\dfrac{dI}{dR} = \dfrac{2r}{(R + r)^2}$

(3) $\dfrac{dW}{du} = -\dfrac{a(u^2 - v^2)}{(u^2 + v^2)^2}$　　　(4) $\dfrac{dT}{dl} = \dfrac{\pi}{\sqrt{gl}}$

[4] (1) $\{f(x)g(x)h(x)\}' = \{f(x) \cdot g(x)h(x)\}'$

$\qquad\qquad = f'(x) \cdot g(x)h(x) + f(x) \cdot \{g(x)h(x)\}'$

$\qquad\qquad = f'(x)g(x)h(x) + f(x)\{g'(x)h(x) + g(x)h'(x)\}$

$\qquad\qquad = f'(x)g(x)h(x) + f(x)g'(x)h(x) + f(x)g(x)h'(x)$

(2) $y' = e^x(\sin x + x\sin x + x\cos x)$

[5] (1) 左辺 $= \dfrac{\left(x + \sqrt{x^2 + A}\right)'}{x + \sqrt{x^2 + A}}$

$\qquad = \dfrac{1}{x + \sqrt{x^2 + A}}\left(1 + \dfrac{2x}{2\sqrt{x^2 + A}}\right)$

$\qquad = \dfrac{1}{x + \sqrt{x^2 + A}}\dfrac{\sqrt{x^2 + A} + x}{\sqrt{x^2 + A}}$

$\qquad = \dfrac{1}{\sqrt{x^2 + A}} =$ 右辺

(2) 左辺 $= \left\{\dfrac{1}{2a}(\log|x-a| - \log|x+a|)\right\}'$

$\qquad = \dfrac{1}{2a}\left(\dfrac{1}{x-a} - \dfrac{1}{x+a}\right)$

$\qquad = \dfrac{1}{x^2 - a^2} =$ 右辺

(3) 左辺 $= \dfrac{1}{2}\left\{\sqrt{a^2 - x^2} + x \cdot \dfrac{-2x}{2\sqrt{a^2 - x^2}} + a^2 \cdot \dfrac{1}{\sqrt{a^2 - x^2}}\right\}$

$\qquad = \sqrt{a^2 - x^2} =$ 右辺

(4) 左辺 $= \dfrac{1}{2}\left\{\sqrt{x^2 + A} + x \cdot \dfrac{2x}{2\sqrt{x^2 + A}} + A \cdot \dfrac{1}{\sqrt{x^2 + A}}\right\}$

$\qquad = 2\sqrt{x^2 + A} =$ 右辺

[6] (1) 左辺 $= \dfrac{e^{2x} + 2 + e^{-2x}}{4} - \dfrac{e^{2x} - 2 + e^{-2x}}{4} = 1 =$ 右辺

(2) 左辺 $= \left(\dfrac{e^x - e^{-x}}{2}\right)' = \dfrac{e^x + e^{-x}}{2} = \cosh x =$ 右辺

(3) 左辺 $= \left(\dfrac{e^x + e^{-x}}{2}\right)' = \dfrac{e^x - e^{-x}}{2} = \sinh x =$ 右辺

(4) 左辺 $= \left(\dfrac{\sinh x}{\cosh x}\right)' = \dfrac{\cosh^2 x - \sinh^2 x}{\cosh^2 x} = \dfrac{1}{\cosh^2 x} =$ 右辺

$[e^x e^{-x} = 1, (e^{-x})' = -e^{-x}]$

第6節の問

6.1 (1) $x = 0$ のとき極大値 $y = 1$

x	$\cdots$	0	$\cdots$
y'	$+$	0	$-$
y	$\nearrow$	1	$\searrow$

$\left[\displaystyle\lim_{x \to \pm\infty}\dfrac{3}{x^2 + 3} = 0\right]$

(2) $x = 1$ のとき極小値 $y = 0$

x	0	$\cdots$	1	$\cdots$
y'		$-$	0	$+$
y		$\searrow$	0	$\nearrow$

$\left[\text{定義域は } x > 0, \ \lim_{x \to +0} (\log x)^2 = \infty, \ \lim_{x \to \infty} (\log x)^2 = \infty\right]$

6.2 (1) $x = \pm 2$ のとき最大値 $y = 4\sqrt{2}$, $x = 0, \pm\sqrt{6}$ のとき最小値 $y = 0$

$\left[y' = -\dfrac{3x(x-2)(x+2)}{\sqrt{6 - x^2}} \right]$

(2) $x = 0$ のとき最大値 $y = 1$, $x = \dfrac{3\pi}{4}$ のとき最小値 $y = -\dfrac{\sqrt{2}}{2} e^{-\frac{3\pi}{4}}$

$\left[y' = -e^{-x}(\cos x + \sin x) \right]$

6.3 (1) $y'' = 12x + 10$ (2) $y'' = 8(2 - x^2)^2(7x^2 - 2)$

(3) $y'' = 12x(1 - x)$ (4) $y'' = 2(\cos^2 x - \sin^2 x)$

(5) $y'' = 2e^{-x^2}(2x^2 - 1)$ (6) $y'' = -\dfrac{2x}{(x^2 + 1)^2}$

6.4 (1) $x = 1$ のとき極大値 $y = 3$, $x = 3$ のとき極小値 $y = -1$, 変曲点は $(2, 1)$

x	$\cdots$	1	$\cdots$	2	$\cdots$	3	$\cdots$
y'	$+$	0	$-$	$-$	$-$	0	$+$
y''	$-$	$-$	$-$	0	$+$	$+$	$+$
y	$\nearrow$	3	$\searrow$	1	$\searrow$	-1	$\nearrow$
		（極大）		（変曲点）		（極小）	

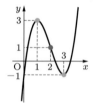

(2) $x = 2$ のとき極小値 $y = -27$, 変曲点は $(-1, 0)$, $(1, -16)$

x		$\cdots$	-1	$\cdots$	1	$\cdots$	2	$\cdots$
y'		$-$	0	$-$	$-$	$-$	0	$+$
y''		$+$	0	$-$	0	$+$	$+$	$+$
y		$\searrow$	0	$\searrow$	-16	$\searrow$	-27	$\nearrow$
			（変曲点）		（変曲点）		（極小）	

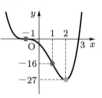

6.5 (1) $dy = 2x\, dx$ (2) $dy = 6(3x + 1)\, dx$

6.6 Δy の近似値, y の近似値の順に示す.

(1) 0.12, 2.12   (2) -0.02, 0.98   (3) 0.01, 1.01

6.7 (1) およそ $94.2\,\mathrm{m}^2$ (2) およそ 2%

6.8 (1) $v(t) = -9t^2 + 18t\,[\mathrm{m/s}]$, $\alpha(t) = -18t + 18\,[\mathrm{m/s^2}]$

(2) 2 秒後, $x = 12\,[\mathrm{m}]$ (3) 3 秒後, $v = -27\,[\mathrm{m/s}]$

6.9 $20.1\,\mathrm{cm}^2/\mathrm{s}$ $\left[S = 4\pi r^2, \ \dfrac{dS}{dt} = 8\pi r\,\dfrac{dr}{dt} \right]$

練習問題 6

[1] $c = \dfrac{a + b}{2}$ $\left[\dfrac{b^2 - a^2}{b - a} = 2c \right]$

[2] (1) $x = 2$ のとき最大値 $y = \dfrac{4}{e^2}$, $x = 0$ のとき最小値 $y = 0$

(2) $x = \dfrac{5\pi}{3}$ のとき最大値 $y = \dfrac{5\pi}{6} + \dfrac{\sqrt{3}}{2}$, $x = \dfrac{\pi}{3}$ のとき最小値 $y = \dfrac{\pi}{6} - \dfrac{\sqrt{3}}{2}$

[3] (1) $x = \pi$ のとき極大値 $y = 1$, $x = \dfrac{\pi}{2}$, $\dfrac{3\pi}{2}$ のとき極小値 $y = 0$

変曲点 $x = \dfrac{\pi}{4}$, $\dfrac{3\pi}{4}$, $\dfrac{5\pi}{4}$, $\dfrac{7\pi}{4}$

(2) $x = 1$ のとき極大値 $y = \dfrac{1}{\sqrt{e}}$, $x = -1$ のとき極小値 $y = -\dfrac{1}{\sqrt{e}}$

変曲点 $x = 0, \pm\sqrt{3}$

[4] (1) $y'' = \dfrac{10}{9\sqrt[3]{x}}$ (2) $y'' = -25\sin 5x$ (3) $y'' = -2e^{-x}\cos x$

(4) $y'' = \dfrac{x}{\sqrt{(1-x^2)^3}}$ (5) $y'' = e^{-x}(x^2 - 4x + 2)$ (6) $y'' = \dfrac{2(1-\log x)}{x^2}$

[5] 極値は ●, 変曲点は ● でグラフに示す.

(1) 極値はない. 変曲点 $(0,1)$, 漸近線 $y = 0$, $y = 2$

x	$\cdots$	0	$\cdots$
y'	$+$	$+$	$+$
y''	$+$	0	$-$
y	↗	1	↗

(変曲点)

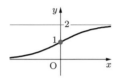

(2) $x = 0$ のとき極小値 $y = 0$, 変曲点 $(\pm 1, \log 2)$

x	$\cdots$	-1	$\cdots$	0	$\cdots$	1	$\cdots$
y'	$-$	$-$	$-$	0	$+$	$+$	$+$
y''	$-$	0	$+$	$+$	$+$	0	$-$
y	↘	$\log 2$	↘	0	↗	$\log 2$	↗

(変曲点) (極小) (変曲点)

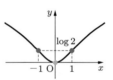

[6] およそ $2\,\mathrm{cm}$

[体積 V, 辺の長さ x として $V = x^3$. $dV = 3x^2 dx$, $\Delta V = 0.06$ から dx を求める.]

[7] (1) $t = \dfrac{v_0 \sin\theta}{g}$ (2) $x = \dfrac{v_0^2 \sin 2\theta}{g}$, $\theta = \dfrac{\pi}{4}$

━第3章━

第7節の問

7.1 (1) $\dfrac{1}{6}x^6 + C$ (2) $-\dfrac{1}{2x^2} + C$ (3) $\dfrac{2}{3}\sqrt{x^3} + C$ (4) $2\log|x| + C$

7.2 (1) $\dfrac{1}{3}x^3 - \dfrac{3}{2}x^2 + 3\log|x| + C$ (2) $\sin x + \dfrac{4}{3}\sqrt{x^3} + C$

(3) $-\dfrac{1}{\tan x} - x + C$

7.3 (1) $\dfrac{1}{6}(2x+1)^3 + C$ (2) $\dfrac{2}{9}\sqrt{(3x-1)^3} + C$ (3) $\dfrac{1}{5}\log|5x+2| + C$

(4) $\dfrac{1}{2}e^{2x} + C$ (5) $\cos(1-x) + C$ (6) $3\sin\dfrac{x}{3} + C$

7.4 (1) $\sin^{-1}\dfrac{x}{2} + C$ (2) $\dfrac{1}{2\sqrt{3}}\log\left|\dfrac{x-\sqrt{3}}{x+\sqrt{3}}\right| + C$

(3) $\sin^{-1}\dfrac{x+4}{3} + C$ (4) $\dfrac{1}{10}\tan^{-1}\dfrac{5x-2}{2} + C$

7.5 (1) $\dfrac{1}{24}(x^3+1)^8 + C$　　(2) $\dfrac{1}{2}(\log x)^2 + C$　　(3) $-\dfrac{1}{3}\sqrt{(1-x^2)^3} + C$

　　(4) $\tan^{-1}(\sin x) + C$　　(5) $\sin^{-1}\dfrac{e^x}{2} + C$　　(6) $-\dfrac{1}{2}e^{-x^2} + C$

7.6 (1) $\dfrac{1}{3}\log|x^3+1| + C$　　　　　　(2) $\dfrac{1}{2}\log|x^2+2x-3| + C$

　　(3) $\log|\sin x| + C$　　　　　　　(4) $\log(e^x + e^{-x}) + C$

7.7 (1) $\log\left|\dfrac{x-2}{x-1}\right| + C$　　　　　(2) $\log\dfrac{x^2+1}{|x-1|} + C$

7.8 (1) $-e^{-x}(x+1) + C$　　　　　(2) $\dfrac{1}{3}x\sin 3x + \dfrac{1}{9}\cos 3x + C$

7.9 (1) $\dfrac{x^2}{4}(2\log x - 1) + C$　　　(2) $x\tan^{-1}x - \dfrac{1}{2}\log(1+x^2) + C$

7.10 (1) $\dfrac{1-2x^2}{4}\cos 2x + \dfrac{x}{2}\sin 2x + C$　　(2) $x\left\{(\log x)^2 - 2\log x + 2\right\} + C$

7.11 (1) $\dfrac{e^{4x}}{25}(4\cos 3x + 3\sin 3x) + C$　　(2) $-\dfrac{e^{-x}}{17}(\sin 4x + 4\cos 4x) + C$

7.12 (1) $\log\left(x + \sqrt{x^2+1}\right) + C$　　(2) $\dfrac{1}{2}\left(x\sqrt{x^2-6} - 6\log\left|x+\sqrt{x^2-6}\right|\right) + C$

　　(3) $\dfrac{1}{2}\left(x\sqrt{9-x^2} + 9\sin^{-1}\dfrac{x}{3}\right) + C$　　(4) $\dfrac{1}{4}\left(2x\sqrt{9-4x^2} + 9\sin^{-1}\dfrac{2x}{3}\right) + C$

練習問題 7

[1] (1) $\dfrac{9}{4}x^4 - 6x^2 + 4\log|x| + C$　　　　(2) $\dfrac{3}{10}\sqrt[3]{(2x+1)^5} + C$

　　(3) $\dfrac{1}{3}e^{3x} + 3e^x - 3e^{-x} - \dfrac{1}{3}e^{-3x} + C$　[$(e^x + e^{-x})^3$ を展開する]

　　(4) $2\sin 2x + \dfrac{5}{3}\cos 3x + C$

[2] (1) $\dfrac{1}{2}(1+\sin x)^2 + C$　　　　　　(2) $-\dfrac{1}{2\sqrt{x^4+2}} + C$

　　(3) $\dfrac{1}{4}(\log x)^4 + C$　　　　　　　(4) $\log\dfrac{|x+3|^3}{(x-2)^2} + C$

　　(5) $\dfrac{1}{6}\log(x^6+2x^3+3) + C$　　　(6) $\dfrac{1}{2}\log(1+\sin 2x) + C$

[3] (1) $\dfrac{1}{2}x + \dfrac{1}{4}\sin 2x + C$　$\left[\cos^2 x = \dfrac{1}{2}(1+\cos 2x)\right]$

　　(2) $\sin x - \dfrac{1}{3}\sin^3 x + C$　$[\cos^3 x = \cos x(1-\sin^2 x)]$

[4] (1) $a = -3,\ b = 1,\ c = 1$　　　　(2) $\log|(x-1)(x+1)| + \dfrac{3}{x-1} + C$

[5] (1) $-e^{-x}(x^2+2x+2) + C$　　　(2) $\dfrac{1}{2}(x^2+1)\tan^{-1}x - \dfrac{x}{2} + C$

　　(3) $\dfrac{x^4}{16}(4\log x - 1) + C$　　　(4) $\dfrac{x^2}{4}\left\{2(\log x)^2 - 2\log x + 1\right\} + C$

[6] 与えられた積分を I とおく.

(1) $I = \dfrac{1}{a} e^{ax} \sin bx - \displaystyle\int \dfrac{1}{a} e^{ax} b \cos bx \, dx$

$\qquad = \dfrac{e^{ax}}{a} \sin bx - \dfrac{b}{a} \left\{ \dfrac{1}{a} e^{ax} \cos bx - \displaystyle\int \dfrac{1}{a} e^{ax} (-b \sin bx) \, dx \right\}$

$\qquad = \dfrac{e^{ax}}{a^2} (a \sin bx - b \cos bx) - \dfrac{b^2}{a^2} I$

よって,

$$\dfrac{a^2 + b^2}{a^2} I = \dfrac{e^{ax}}{a^2} (a \sin bx - b \cos bx) + C$$

となり，両辺に $\dfrac{a^2}{a^2 + b^2}$ をかければ目的の式が得られる.

(2) $I = \dfrac{1}{a} e^{ax} \cos bx - \displaystyle\int \dfrac{1}{a} e^{ax} (-b \sin bx) \, dx$

$\qquad = \dfrac{e^{ax}}{a} \cos bx + \dfrac{b}{a} \left\{ \dfrac{1}{a} e^{ax} \sin bx - \displaystyle\int \dfrac{1}{a} e^{ax} b \cos x \, dx \right\}$

$\qquad = \dfrac{e^{ax}}{a^2} (a \cos bx + b \sin bx) - \dfrac{b^2}{a^2} I$

よって,

$$\dfrac{a^2 + b^2}{a^2} I = \dfrac{e^{ax}}{a^2} (a \cos bx + b \sin bx) + C$$

となり，両辺に $\dfrac{a^2}{a^2 + b^2}$ をかければ目的の式が得られる.

第8節の問

8.1 (1) $\dfrac{2}{5}$　　(2) 1　　(3) 2　　(4) 7　　(5) 0

8.2 (1) 0　　(2) $\dfrac{1 - e^2}{e}$　　(3) $-\dfrac{16}{3}$

8.3 (1) 78　　(2) $\dfrac{4}{3}$　　(3) $\dfrac{7}{6}$　　(4) $\dfrac{e - 1}{e} + \log 2$

8.4 (1) 2　　(2) $\log 3$

8.5 (1) 10　　(2) $\dfrac{e^3 - 1}{e^2}$　　(3) $\dfrac{1}{4}$　　(4) $\log \dfrac{e + 1}{2}$　　(5) $\dfrac{1}{3} \log \dfrac{9}{2}$　　(6) $\dfrac{e - 1}{2}$

8.6 (1) $\dfrac{\pi a^2}{2}$　　(2) $\dfrac{\pi}{6}$

8.7 (1) $\dfrac{e - 2}{e}$　　(2) $\dfrac{\pi - 2}{18}$

8.8 (1) $\dfrac{e^2 + 1}{4}$　　(2) $\dfrac{2e^3 \left(4e^6 - 1\right)}{9}$

8.9 (1) 10　　(2) $\sqrt{2}$　　(3) 0　　(4) π

8.10 (1) $\dfrac{35\pi}{256}$　　(2) $\dfrac{128}{315}$　　(3) $\dfrac{16}{15}$　　(4) $\dfrac{4}{3}$

8.11 (1) 0.700　　(2) 0.696

8.12 およそ $784 \, \mathrm{m}^2$

練習問題 8

[1] (1) $\dfrac{17}{6}$ (2) $\dfrac{3}{2}+\log 2$ (3) $\dfrac{e^4-1}{2e}$

[2] (1) 7   (2) $\log 2$ (3) $\dfrac{1}{5}$

[3] (1) $\dfrac{e^2+1}{4e}$ (2) $-\dfrac{3\pi}{2}$ (3) $\dfrac{3e^4+1}{16}$ (4) $e-2$

(5) $\dfrac{1}{2}\left(e^{\frac{\pi}{2}}+1\right)$ (6) $\dfrac{\sqrt{3}\pi}{3}-\log 2$ 〔(4), (5) は部分積分を 2 回行う〕

[4] (1) 36   (2) 1   (3) 18 〔偶関数〕   (4) 8 〔奇関数〕

[5] $\displaystyle\int_0^2 \dfrac{1}{\left(4+x^2\right)^2}\,dx=\int_0^{\frac{\pi}{4}}\dfrac{1}{\left(4+4\tan^2\theta\right)^2}\cdot\dfrac{2}{\cos^2\theta}\,d\theta=\dfrac{1}{8}\int_0^{\frac{\pi}{4}}\cos^2\theta\,d\theta=\dfrac{\pi+2}{64}$

[6] (1) 0   (2) $\dfrac{3\pi}{8}$ (3) $-\dfrac{8}{15}$ (4) $\dfrac{\pi}{8}$

〔(1)～(3)：グラフをかいてみよ. (4)：$\sin^4 x\cos^2 x=\sin^4 x(1-\sin^2 x)$〕

[7] 1.16

第 9 節の問

9.1 (1) $e+\dfrac{1}{e}-2$ (2) $\dfrac{9}{2}$ (3) $\dfrac{1}{2}$

9.2 $\dfrac{\pi}{4}\,[\mathrm{m}^3]$ 〔断面積は $\sin^2 x$ である〕

9.3 (1) 8π (2) $\dfrac{\pi^2}{2}$ (3) $\dfrac{(e^2-1)\pi}{2}$

9.4 (1) $v(t)=19.6-9.8t\,[\mathrm{m/s}]$ (2) $x(t)=24.5+19.6t-4.9t^2\,[\mathrm{m}]$
(3) 2 秒後, 44.1 m   (4) 5 秒後

練習問題 9

[1] (1) $\dfrac{32}{3}$ (2) $\dfrac{e+2}{2e}$ (3) $\sqrt{3}-\dfrac{\pi}{3}$ (4) $\dfrac{37}{12}$

[2] (1) $\pi\displaystyle\int_0^\pi \sin^2 x\,dx=\dfrac{\pi^2}{2}$ (2) $\pi\displaystyle\int_1^a\left(\dfrac{1}{x}\right)^2 dx=\dfrac{\pi(a-1)}{a}$

(3) $\pi\displaystyle\int_0^4 2^2\,dx-\pi\int_0^4\sqrt{x}^2\,dx=8\pi$ 〔(3) $0\leqq x\leqq 4$ の範囲で, 直線 $y=2$ を回転してできる円柱の体積から, $y=\sqrt{x}$ を回転してできる立体の体積を引く〕

[3] 楕円の方程式から, $x^2=\dfrac{a^2}{b^2}(b^2-y^2)$ であるから,

$$V=\pi\int_{-b}^b x^2\,dy=2\pi\int_0^b\dfrac{a^2}{b^2}(b^2-y^2)\,dy=\dfrac{4}{3}\pi a^2 b$$

[4] (1) $v(t)=-r\omega\sin\omega t$ (2) $x(t)=r\cos\omega t$

[5] (1) $\dfrac{2\pi}{15}$ (2) $\dfrac{\pi}{6}$

索　引

高専の数学教材研究会

監修者

上野　健爾　京都大学名誉教授・四日市大学関孝和数学研究所長
　　　　　　理学博士

編集担当　太田陽喬（森北出版）
編集責任　上村紗帆（森北出版）
組　版　ウルス
印　刷　エーヴィスシステムズ
製　本　ブックアート

高専テキストシリーズ
微分積分 1（第 2 版）　　　　　　　© 高専の数学教材研究会　2021

2012 年 11 月 5 日　　第 1 版第 1 刷発行　　　【本書の無断転載を禁ず】
2020 年 2 月 20 日　　第 1 版第 9 刷発行
2021 年 10 月 26 日　　第 2 版第 1 刷発行
2023 年 4 月 20 日　　第 2 版第 2 刷発行

編　者　者　高専の数学教材研究会
発　行　者　森北博巳
発　行　所　森北出版株式会社

　　　　　　東京都千代田区富士見 1-4-11（〒102-0071）
　　　　　　電話 03-3265-8341／FAX 03-3264-8709
　　　　　　https://www.morikita.co.jp/
　　　　　　日本書籍出版協会・自然科学書協会　会員
　　　　　　JCOPY ＜（一社）出版者著作権管理機構　委託出版物＞

落丁・乱丁本はお取替えいたします.

Printed in Japan／ISBN978-4-627-05522-3

重要な項目と公式

展開と因数分解 (複号同順)

(1) $(a \pm b)^3 = a^3 \pm 3a^2b + 3ab^2 \pm b^3$

(2) $a^3 \pm b^3 = (a \pm b)(a^2 \mp ab + b^2)$

絶対値 $|a| = \begin{cases} a & (a \geqq 0) \\ -a & (a < 0) \end{cases}$

部分分数への分解　分子の次数が分母の次数より小さいとき

(1) $\dfrac{f(x)}{(x+\alpha)(x+\beta)} = \dfrac{a}{x+\alpha} + \dfrac{b}{x+\beta}$

(2) $\dfrac{f(x)}{(x+\alpha)(x^2+\beta)} = \dfrac{a}{x+\alpha} + \dfrac{bx+c}{x^2+\beta}$

(3) $\dfrac{f(x)}{(x+\alpha)(x+\beta)^2} = \dfrac{a}{x+\alpha} + \dfrac{b}{x+\beta} + \dfrac{c}{(x+\beta)^2}$

関数とグラフ　$y = f(x)$ に対して

(1) $y = -f(x)$ ：x 軸について対称移動

　　$y = f(-x)$ ：y 軸について対称移動

　　$y = -f(-x)$：原点について対称移動

(2) $y = f(x-p)+q$：x 軸方向に p, y 軸方向に q 平行移動

(3) $f(x)$ が偶関数 $\iff f(-x) = f(x)$

　　　　　$\iff$ グラフは y 軸に関して対称

　　$f(x)$ が奇関数 $\iff f(-x) = -f(x)$

　　　　　$\iff$ グラフは原点に関して対称

指数関数と対数関数

(1) 指数法則

$$a^r a^s = a^{r+s}, \quad (a^r)^s = a^{rs}$$
$$(ab)^r = a^r b^r, \quad \dfrac{a^r}{a^s} = a^{r-s}$$

(2) $r = \log_a M \iff a^r = M$

(3) $\log_a 1 = 0, \quad \log_a a = 1, \quad \log_a a^x = x$

(4) 対数の計算法則

$$\log_a MN = \log_a M + \log_a N$$
$$\log_a \dfrac{M}{N} = \log_a M - \log_a N$$
$$\log_a M^p = p \log_a M$$

(5) 底の変換公式　$\log_b M = \dfrac{\log_a M}{\log_a b}$

三角関数

(1) 相互関係

$$\tan\theta = \dfrac{\sin\theta}{\cos\theta},$$
$$\sin^2\theta + \cos^2\theta = 1, \quad 1 + \tan^2\theta = \dfrac{1}{\cos^2\theta},$$
$$\sin\left(\dfrac{\pi}{2} - \theta\right) = \cos\theta, \quad \cos\left(\dfrac{\pi}{2} - \theta\right) = \sin\theta$$

(2) 加法定理 (複号同順)

$$\sin(\alpha \pm \beta) = \sin\alpha\cos\beta \pm \cos\alpha\sin\beta$$
$$\cos(\alpha \pm \beta) = \cos\alpha\cos\beta \mp \sin\alpha\sin\beta$$

(3) 2倍角の公式

$$\sin 2\alpha = 2\sin\alpha\cos\alpha$$
$$\cos 2\alpha = \cos^2\alpha - \sin^2\alpha$$
$$= 2\cos^2\alpha - 1 = 1 - 2\sin^2\alpha$$

(4) 半角の公式

$$\sin^2\alpha = \dfrac{1-\cos 2\alpha}{2}, \quad \cos^2\alpha = \dfrac{1+\cos 2\alpha}{2}$$

(5) 積を和・差に直す公式

$$\sin\alpha\cos\beta = \dfrac{1}{2}\{\sin(\alpha+\beta) + \sin(\alpha-\beta)\}$$
$$\cos\alpha\sin\beta = \dfrac{1}{2}\{\sin(\alpha+\beta) - \sin(\alpha-\beta)\}$$
$$\cos\alpha\cos\beta = \dfrac{1}{2}\{\cos(\alpha+\beta) + \cos(\alpha-\beta)\}$$
$$\sin\alpha\sin\beta = -\dfrac{1}{2}\{\cos(\alpha+\beta) - \cos(\alpha-\beta)\}$$

(6) 和・差を積に直す公式

$$\sin A + \sin B = 2\sin\dfrac{A+B}{2}\cos\dfrac{A-B}{2}$$
$$\sin A - \sin B = 2\cos\dfrac{A+B}{2}\sin\dfrac{A-B}{2}$$
$$\cos A + \cos B = 2\cos\dfrac{A+B}{2}\cos\dfrac{A-B}{2}$$
$$\cos A - \cos B = -2\sin\dfrac{A+B}{2}\sin\dfrac{A-B}{2}$$

(7) 三角関数の合成

$$a\sin x + b\cos x$$
$$= \sqrt{a^2+b^2}\,\sin(x+\alpha)$$

平面図形

(1) 半径 r, 中心角 θ の扇形の弧の長さ ℓ と面積 S

$$\ell = r\theta, \quad S = \dfrac{1}{2}r^2\theta$$

(2) 2点 $A(x_1, y_1)$, $B(x_2, y_2)$ 間の距離

$$AB = \sqrt{(x_2-x_1)^2 + (y_2-y_1)^2}$$

(3) 点 (a, b) を通り傾き m の直線の方程式

$$y = m(x-a) + b$$

(4) 直線 $\ell : y = mx+b$, $\ell' : y = m'x+b'$ について

$$\ell \parallel \ell' \iff m = m', \quad \ell \perp \ell' \iff mm' = -1$$

順列・組合せ

(1) 順列 ${}_n P_r = \dfrac{n!}{(n-r)!}$, 組合せ ${}_n C_r = \dfrac{n!}{r!(n-r)!}$

(2) 二項定理

$$(a+b)^n = \sum_{r=0}^{n} {}_n C_r a^{n-r} b^r$$